Anatomische und mykologische Untersuchungen über die Zersetzung und Konservierung des Rotbuchenholzes.

Von

Dr. Johann Tuzson,

Privatdozent am Polytechnikum in Budapest.

Mit 17 Textfiguren und 3 farbigen Tafeln.

Springer-Verlag Berlin Heidelberg GmbH 1905

ISBN 978-3-662-38631-6   ISBN 978-3-662-39487-8 (eBook)
DOI 10.1007/978-3-662-39487-8

Vorwort.

Im Auftrage des Kgl. Ungarischen Ackerbau-Ministeriums und unterstützt vom Kgl. Ungarischen Handels-Ministerium und der Direktion der Ungarischen Staatseisenbahnen befaßte ich mich fast 5 Jahre mit der Frage der Zersetzung und Konservierung des Buchenholzes. Die Untersuchungen führte ich größtenteils im botanischen Laboratorium der forstlichen Versuchsanstalt zu Selmeczbánya und später infolge meines Stellungswechsels im botanischen Institute des Polytechnikums zu Budapest aus.

Die Rotbuche ist in den Waldungen Mitteleuropas eine der verbreitetsten Holzarten, deren Holz im „gesunden" Zustande vorzügliche technische Eigenschaften besitzt, und hierin sogar die Eiche übertrifft[1]. Den atmosphärischen Einflüssen ausgesetzt, ist aber das Buchenholz von sehr geringer Dauer. Als Eisenbahnschwelle z. B. kann dasselbe kaum über 2—3 Jahre gebraucht werden, und steht in dieser Beziehung weit hinter der Eiche, welche in gleicher Verwendung auch 14 Jahre brauchbar bleibt; desgleichen stellt es sich hinter unsere Nadelhölzer, welche als Schwellen 5—7 Jahre ausdauern.

Zufolge dieser Umstände war das Holz der Rotbuche seit altersher Gegenstand zahlreicher Versuche und Beobachtungen, welche den Zweck hatten, durch Anwendung verschiedener Konservierungsmethoden dem erwähnten Nachteile abzuhelfen, damit seine sonstigen vorzüglichen Eigenschaften ausnützbar werden.

Dieses Bestreben äußerte sich auch vielfach in der Literatur und wir finden schon seit mehr als anderthalb Jahrhunderten zahlreiche Arbeiten und Abhandlungen, welche sich mit diesem Gegenstande befassen und die

---

[1] Nach den Untersuchungen Nördlingers (Die gewerbl. Eigensch. der Hölzer p. 67) sind die einzelnen Arten der Festigkeit des Buchenholzes höher als jene des Eichenholzes, und zwar:

	Zug:	Druck:	Biegung:
Rotbuche (mm² kg)	16,36	6,12	11,53
Stieleiche „ „	13,11	5,11	10,20

verschiedensten Konservierungs-Methoden in Vorschlag bringen. Dessenungeachtet aber und trotzdem die Technik der Holzimprägnierung gegenwärtig schon ziemlich vorgeschritten ist, knüpfen sich an die Konservierung des Buchenholzes noch mehrere, bisher nicht beantwortete Fragen, und wir begegnen in der Praxis oft Methoden, welche zu bedeutenden, materiellen Verlusten führen. —

Wenn wir den offenen Fragen der Zersetzung und Konservierung näher treten, finden wir, daß es sich hauptsächlich um pflanzenanatomische und mykologische Probleme handelt. Diese sind in den Hauptzügen folgende: welche anatomischen Eigenschaften besitzt der falsche Kern, welche Widerstandsfähigkeit besitzt derselbe gegenüber der Zersetzung durch Pilze, und welche Eigenschaften zeigt er hinsichtlich der Konservierungsmethoden; ferner welche Umstände sind es, welche die rasche Erstickung und Zersetzung des Buchenholzes verursachen, welche Erscheinungen und welche Pilzarten sind bei der Zersetzung des Buchenholzes zu beobachten, und endlich, auf welche Weise kann dasselbe am besten konserviert werden?

Über diese Fragen, welche sich noch auf mehrere anatomische, physiologische und mykologische Detailfragen verzweigen, liegen uns keine eingehenderen Arbeiten vor. Demzufolge stieß ich während der Untersuchungen auf eine ganze Reihe unaufgeklärter Erscheinungen, deren manche an und für sich der Forschung reichlich Material bieten würde. Ich trachtete dieselben womöglich aufzuklären, bei mehreren mußte ich mich aber, um die Arbeit einheitlich zum Abschlusse bringen zu können, mit der einfachen Erwähnung der Sache begnügen.

Das Material zu den Untersuchungen erhielt ich aus den verschiedensten Gegenden Ungarns, meistens aber vom Oberforstamte Ungvár, und aus dem Forste der forstlichen Hochschule zu Selmeczbánya. Bezüglich der Konservierung des Buchenholzes, und speziell der Eisenbahnschwellen, machte ich meine Versuche und Beobachtungen an der Imprägnierungsanstalt der ungarischen Staatseisenbahnen zu Perecsény. — Außerdem ergänzte ich die hier erhaltenen Angaben auch mit Daten, welche ich in Deutschland, Belgien und Frankreich an Ort und Stelle sammelte. Die Zersetzung von eingebauten Eisenbahnschwellen beobachtete ich hauptsächlich an dem Material, welches mir von den Linien der Eisenbahn-Betriebsleitung Zólyom (Oberungarn) zur Verfügung gestellt wurde.

An dieser Stelle spreche ich allen jenen Herren, welche mich durch Zusendung von Material, Gewährung von Institutsmitteln, Führung während meiner Reisen und Exkursionen etc. in meiner Arbeit unterstützt haben, meinen innigsten Dank aus. Es sind dies die Herren Kgl. Ungar. Ministerialrat A. v. Rónay in Ungvár, Universitätsprofessor Dr. S. Mágocsy-Dietz in Budapest, Professor Oberforstrat G. Bencze in Selmeczbánya, Oberingenieur J. Pogány in Perecsény und J. Bogesich in Zólyom, Oberförster J. Ajtay in Ókemencze, Ingenieur J. Gellért in Perecsény und Assistent F. Stayczár in Selmeczbánya. Ich danke ferner Herrn J. Rüttgers in Berlin und dem Vertreter seiner Firma Herrn H. Besson in Paris, sowie der Leitung der französischen Eisenbahngesellschaften „Chemins de fer de L'Est", „— du Nord" und „— de Paris à Lyon et à la Méditerranée", welche mir die Besichtigung ihrer Imprägnierungs-Anstalten auf zuvorkommendste Weise ermöglichten.

Die wissenschaftliche und praktische Bedeutung jener Fragen, deren Beantwortung in dieser Arbeit versucht wurde, ferner der von mehreren Seiten geäußerte Wunsch, die bezüglichen Untersuchungen weiteren Kreisen zugänglich zu machen, bewogen mich dieselbe auch in deutscher Sprache herauszugeben.

Zwischen dem Erscheinen der ungarischen und der deutschen Ausgabe ist mehr als ein Jahr verflossen. Während dieser Zeit wurden die Untersuchungsergebnisse in mancher Hinsicht ergänzt. Die uns vorliegende deutsche Ausgabe ist also an mehreren Stellen umgearbeitet, erweitert, und enthält drei neue Abbildungen.

An dieser Stelle benützte ich die Gelegenheit Herrn Forstverwalter Paul Vollnhofer, bisherigen Adjunkten an der forstlichen Hochschule zu Selmeczbánya für seine Bemühungen um die Übersetzung meinen innigsten Dank auszusprechen.

Budapest, im Mai 1905.

Dr. Johann Tuzson.

Inhaltsverzeichnis.

Der anatomische Bau des Buchenholzes.

Den anatomischen Bau des Buchenholzes haben Sanio, Hartig und Strasburger schon so eingehend beschrieben, daß es sich bei meinen Untersuchungen größtenteils nur um die Prüfung der schon bekannten

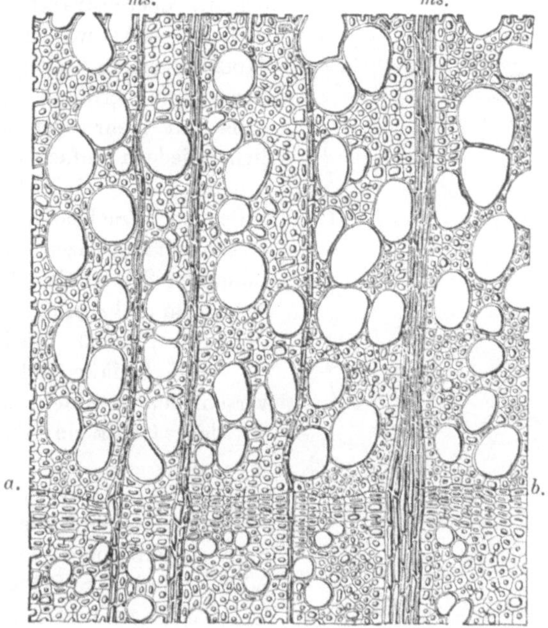

Fig. 1.

Querschnitt aus dem 100 sten Jahrringe. *a—b* Jahrringsgrenze; *ms* Markstrahlen. 80 : 1.

Untersuchungsergebnisse handelte. Dieselben sollen nun durch einige neue Resultate ergänzt, in Folgendem besprochen werden.

Das Holz der Rotbuche besteht aus einer ganzen Reihe verschieden geformter Elemente, welche in zwei Hauptgruppen einzureihen sind: und zwar in die Gruppe der trachealen und in jene der parenchymatischen Elemente.

In die Gruppe der trachealen Elementarorgane gehören die Gefäße, Tracheiden und Fasertracheiden; zu den parenchymatischen dagegen sind die Zellen des Holzparenchyms und die der Markstrahlen zu zählen.

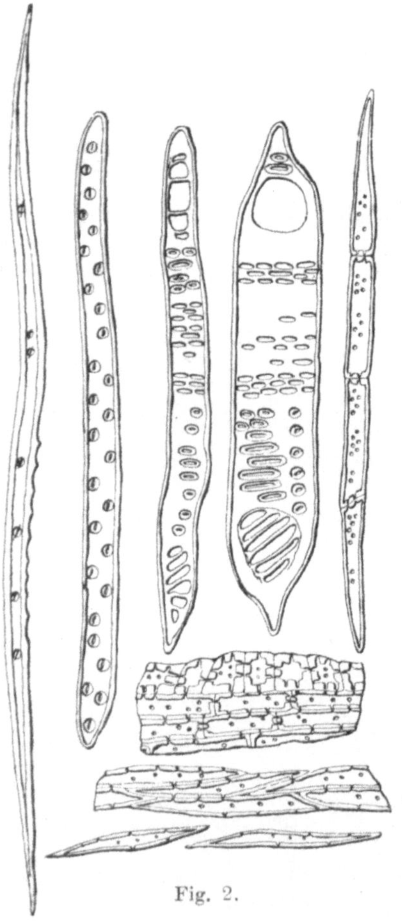

Die Gefäße sind am Querschnitte (Fig. 1) des Jahrringes fast gleichmäßig zerstreut; sie nehmen an Anzahl und Größe nur an der äußersten Grenze des Jahrringes ab. Sie sind je nach den benachbarten Zellen verschieden getüpfelt. Wo sich zwei Gefäße berühren, sind die Wandungen derselben mit elliptischen, quergestreckten Hoftüpfeln dicht besetzt; wo sich Gefäße mit Holzparenchym oder Markstrahlparenchym berühren, sind sie ebenfalls mit mehr oder weniger länglichen, jedoch einfachen Tüpfeln versehen; und schließlich, wo die Gefäße an Tracheiden oder Fasertracheiden angrenzen, entsprechen die umhoften Tüpfel der Gefäße, bezüglich Form und Anzahl, dem Charakter der betreffenden Nachbarelemente.

Die Gefäße sind demnach sehr verschieden getüpfelt, wie dies auch an dem Gefäß in Fig. 2 ersichtlich ist.

Die Gefäß-Querwände zeigen entweder eine einfache Öffnung oder eine leiterförmige Durchbrechung, oder es sind diese Scheidewände zum Teil perforiert und zum Teil behoft getüpfelt. Ausnahmsweise sind sie nur mit Hoftüpfeln versehen. Spiralige, netz- oder ringförmige Verdickung kommt an den Elementen des Buchenholzes nicht vor.

Fig. 2.

Elemente des Buchenholzes, aus den älteren (120—140sten) Jahrringen. Von links nach rechts: Fasertracheide, Tracheide, Übergangsform, Gefäß, Holzparenchym; unten: verschieden geformte Markstrahlzellen. 100 : 1.

Die Gefäße sind gewöhnlich an beiden Enden zugespitzt (Fig. 2). Es kommen aber auch Gefäße vor, deren zugespitztes Ende lang ausgezogen, und auch solche, welche überhaupt nicht zugespitzt sind, sondern sich dem benachbarten Gefäße als eine im ganzen Querschnitte offene Röhre anschließen.

Die Größe der Gefäße ist je nach dem Alter und der Stammhöhe gesetzmäßigen Änderungen unterworfen: sie wird mit dem Alter, also an ein und demselben Querschnitte von innen nach außen bis zum 100. bis 120. Jahrringe immer größer, um von hier an wieder etwas abzunehmen. In ein und demselben Holzmantel sind die Gefäße in den untersten Stammteilen etwas größer als in den höher gelegenen, innerhalb der Baumkrone sinkt aber ihre Größe schnell herab.

Die Messungen Hartigs, welche ich auch bezüglich der Tracheiden und Fasertracheiden gleich hier mitteile, haben in Millimetern ausgedrückt zu folgenden Ergebnissen geführt:

1. Länge der Organe von innen nach außen, in gleicher, 1,3 m über dem Erdboden gelegener Höhe:

Lebensjahr	Gefäße	Tracheiden	„Libriformfasern"
30	0,512	0,723	1,058
60	0,616	0,940	1,188
90	0,616	0,943	1,123
120	0,653	0,950	1,264
140	0,633	0,882	1,177
150	0,488	—	1,134

2. Von unten nach oben, im 140. Jahresringe desselben Baumes:

Baumhöhe	Gefäße	Tracheiden	„Libriformfasern"
1,3	0,633	0,882	1,177
5,5	0,532	0,773	1,010
10,7	0,547	0,773	1,012
15,9	0,564	0,823	1,002
21,1	0,453	0,640	0,838
24,1	0,437	0,627	0.777

Diesen Ergebnissen ist zu entnehmen, daß die Länge der Gefäße zwischen 0,512 und 0,653 mm variiert, wobei zu bemerken ist, daß in den jüngeren Jahresringen die hier bezeichnete untere Grenze der Länge sich noch bedeutend vermindert. So maß Hartig an den Elementen des 5. Jahresringes eines anderen Stammes in 0,2 m Höhe folgende Durchschnittslängen:

Gefäße   0,352 mm

Tracheiden   0,497 „

Libriformfasern 0,583 „

Mit der Länge der Organe, verändert sich in gleichem Sinne auch die Weite derselben. Ich fand z. B., daß die 0,4 mm langen Gefäße aus den innersten 1.—10. Jahresringen eines Stammes, einen Durchmesser von 0,04 mm besaßen; dagegen hatten Gefäße von 0,6 mm Länge, aus den 110.—120. Jahresringen, einen Durchmesser von 0,09 mm.

Die Weite der Gefäße variiert vom 1.—10. bis zum 100.—120. Jahresringe durchschnittlich zwischen 0,030 und 0,064 mm. Sie ist aber auch in ein und demselben Jahresringe sehr verschieden und von der Weite der Tracheiden bis zu jener der vollkommen entwickelten, weiten Gefäße findet man alle Dimensionen. Die obigen Messungsergebnisse Hartigs sind also Durchschnittswerte, wobei die Grenzwerte verdeckt sind. Als solche können für die Gefäße des Buchenholzes ca. 0,01 und 0,1 mm betrachtet werden.

Die technischen Eigenschaften des Holzes werden hauptsächlich durch den Anteil an Gefäßen beeinflußt. Dieser Anteil hängt wieder von der Größe und Anzahl derselben ab. Diesbezüglich liegen uns ebenfalls die Untersuchungsergebnisse Hartigs vor, welche folgende sind:

1. Von innen nach außen in gleicher, 1,3 m über dem Erdboden gelegener Höhe:

Zuwachsperiode	Zahl der Gefäße pro mm²	Weite der Gefäße mm²	Anteil der Gefäße am Jahresringe $^0/_0$
0—30	85	0,0020	17,0
30—60	110	0,0035	38,5
60—90	140	0,0035	49,0
90—120	135	0,0035	47,2

2. Von unten nach oben in der Zuwachsperiode 90—120:

Höhe m	Zahl der Gefäße pro mm²	Weite der Gefäße mm²	Anteil der Gefäße am Jahresringe $^0/_0$
1,3	135	0,0035	47,2
5,5	145	0,0035	50,7
10,7	155	0,0035	54,2
15,9	175	0,0035	61,2
21,1	180	0,0035	63,0
26,7	220	0,0010	22,0

Aus diesen Zahlen kann nun folgender Satz aufgestellt werden: in den jüngeren (inneren) und in den unteren Teilen des Stammes haben die Gefäße kleineren Anteil am Holze, als in den älteren (äußeren) und in den höher gelegenen Teilen. Demzufolge enthält das Holz in den inneren und unteren Teilen des Stammes verhältnismäßig mehr englumige Elemente und hauptsächlich festigende Fasertracheiden. Innerhalb der Baumkrone vermindert sich der Anteil der Gefäße wieder ebenso wie in den inneren Teilen der unteren Stammpartien. Die Verteilung und Größe der Elemente und speziell der Gefäße übt, wie schon erwähnt wurde, auf sämtliche technische Eigenschaften des Holzes bedeutenden Einfluß aus, wobei die Beziehungen sich in den ebenfalls gesetzmäßigen Qualitätsänderungen nachweisen lassen. So ist in erster Linie das Gewicht des Holzes, je nach Alter und Höhe, gesetzmäßigen Veränderungen unterworfen, worauf wir noch im Abschnitte über den falschen Kern zurückkommen.

Die Gefäße sind im normalen Holze der Rotbuche auch im spätesten Alter des Baumes überall offen und frei von Thyllen. Die Gefäße des falschen Kernes, ferner des sich um Wundstellen bildenden Schutzholzes und auch jene des durch Pilze in frischem, noch „lebendem" Zustande angegriffenen, gefällten Holzes werden dagegen durch Thyllen verstopft (Taf. II, Fig. 7).

Diese zartwandigen Gebilde wachsen bekanntlich aus den Parenchymzellen durch die Tüpfel in das Innere der Gefäße hinein und stellen anfangs kugelige, sackartige Ausstülpungen dar; später aber wachsen sie in den Gefäßen zu großen Zellen an, welche sich an die Gefäßwandung anschmiegen. Wo benachbarte Thyllen zusammenstoßen, bilden sich die Gefäßlumina verschließende, vertikale oder schräge Querwände. Die Thyllen enthalten Schutzgummi und sind demzufolge rotbraun gefärbt. Hier und da scheinen sie auch getüpfelt zu sein.

Die Entstehungsursachen der Thyllen sind im weiteren an mehreren Stellen besprochen; es sei aber schon hier hervorgehoben, daß ich an frischgeschnittenen und mit Pilzsporen künstlich infizierten Holzstücken die Entstehung der Thyllen ausschließlich durch die Einwirkung der Pilzfäden, zweifellos feststellen konnte.

Den Gefäßen schließen sich unmittelbar, ohne jede schärfere Grenze, die Tracheiden an. Dieselben sind (Fig. 2) dünnwandig, kürzer als die Fasertracheiden und länger als die Gefäße. Die Form und Anzahl ihrer Tüpfel ist ebenso verschieden, wie jene der Gefäße. Mit Hoftüpfeln dicht besetzt ist ihre Wandung dort, wo sie sich gegenseitig oder mit Gefäßen berühren; weniger zahlreich sind die Hoftüpfel an jenen Stellen, mit welchen sie an Fasertracheiden grenzen. Wo die Tracheiden Markstrahlen oder überhaupt parenchymatische Zellen berühren, sind sie mit ovalen oder länglichen, einfachen Tüpfeln versehen. Die Tracheiden sollen beidendig geschlossen sein; wir finden aber im Holze der Buche auch solche, welche an ihren Enden eine leiterförmige oder einfache Perforation zeigen, welche also schon als Gefäße aufzufassen sind, ihrer Form und ihrem geringen Durchmesser zufolge aber auch als eine Modifikation der Tracheiden angesehen werden können. Es gibt also zwischen den Gefäßen und den Tracheiden des Buchenholzes keine scharfe Grenze, sondern bilden beide zusammen eine sich graduell verändernde Reihe trachealer Elemente.

Hartig[1]) betrachtet die Zellen der Jahrringsgrenze ebenfalls als Tracheiden, „welche aber die Gestalt der Breitfasern zeigen". Diese Zellen können meiner Ansicht nach von den Fasertracheiden nicht getrennt werden. Nachdem die Gefäße an der äußersten Grenze des Jahrringes fehlen, ist die radiale Anordnung der äußersten Zellreihen nicht gestört, und die in radialer Richtung zusammengedrückten, an ihren tangentialen Wänden Hoftüpfel zeigenden Zellen dieser Schicht ähneln den Tracheiden der äußersten Jahrringsgrenze von Nadelhölzern, unterscheiden sich aber sonst nicht von den Fasertracheiden; es ist daher zur Trennung beider gar kein Grund vorhanden.

Die feste Grundmasse des Buchenholzes bilden die Fasertracheiden. Dieselben erreichen in den älteren Jahresringen eine Länge von 1,2—1,3 mm, sind dickwandig, spindelförmig, zugespitzt und besitzen spärlich verteilte Hoftüpfel, mit schräg verlaufenden Spalten.

Neben und zwischen den Markstrahlen sind die Fasertracheiden oft verschieden gekrümmt. An isolierten Zellen des Buchenholzes sind übrigens die Spuren der Markstrahlzellen häufig als zackige Teile (Fig. 2) erkennbar.

Behandelt man Querschnitt-Präparate des Buchenholzes mit Chlorzinkjod, so kann man die von Sanio beschriebene gallertartige, innere Verdickungsschicht der Fasertracheiden als sich violett färbende Teile in zahlreichen Zellen auffinden (Taf. I, Fig. 1).

Die Fasertracheiden der Rotbuche nannte Hartig[2]) „Libriformfaser", Sanio[3]) dagegen hielt sie für Tracheiden. Eine gewisse Berechtigung ist keiner der beiden Auffassungen abzuleugnen. Die Faserzellen der Rotbuche haben nämlich viel Ähnlichkeit mit den echten Libriformfasern anderer Hölzer und können durch absolute Merkmale von diesen nicht getrennt werden. Versuchen wir jedoch im Buchenholze die sich graduell verändernde Reihe der Tracheiden gegen die dickwandigen Faserzellen hin weiter zu verfolgen, so finden wir, daß diese auch von letzteren nicht geschieden werden können, was wir betreffs der Tracheiden und Gefäße vorher ebenfalls gesehen haben; der Unterschied ist jedoch der, daß die Tracheiden den Gefäßen gegenüber durch das Fehlen der Per-

---

1) Das Holz der Rotbuche. p. 23.
2) l. c. p. 22.
3) Botan. Ztg. 1863, Vergl. Unters. über die Elementarorgane des Holzkörpers. p. 114, 115.

foration doch ein ganz bestimmtes Merkmal besitzen, wogegen die dickwandigen Faserzellen den Tracheiden gegenüber gar kein absolutes Kennzeichen haben. — Demzufolge ist die Auffassung Sanios ebenfalls und
noch mehr berechtigt als jene Hartigs. —

Wenn wir aber die typischen Formen der Tracheiden und der dickwandigen Faserzellen miteinander vergleichen, so weichen dieselben doch
so bedeutend von einander ab, daß eine Unterscheidung notwendig
erscheint. Deshalb gebrauchte ich — gleich Strasburger[1]) — für die
dickwandigen Faserzellen des Buchenholzes die Benennung Fasertracheiden.

Das Parenchym ist zwischen den anderen Elementen zerstreut
verteilt. Dasselbe besteht aus beiderseits zugespitzten, verhältnismäßig

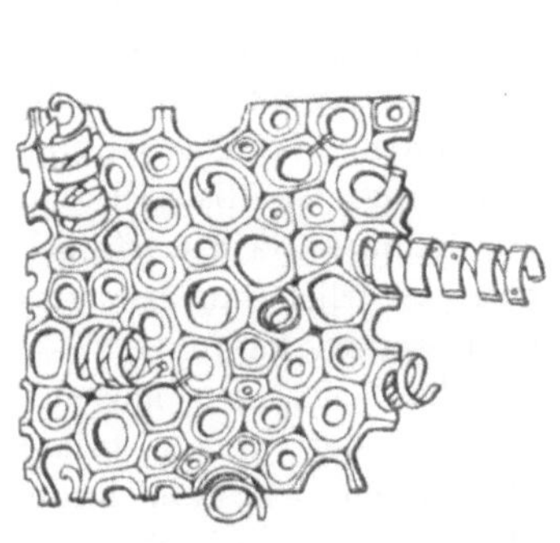

Fig. 3.

Die Oberfläche eines zerrissenen
Markstrahles.

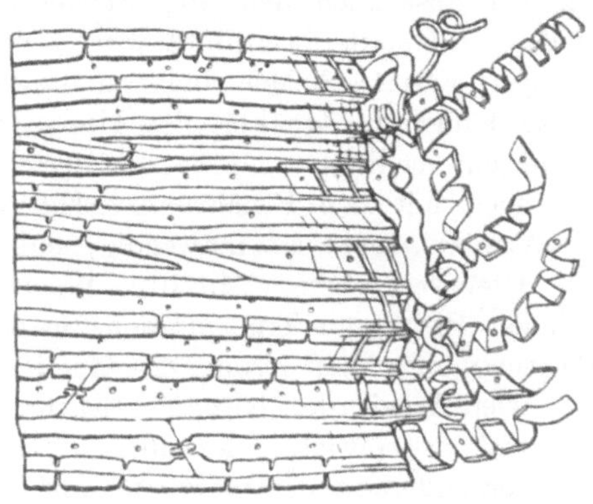

Fig. 4.

Radialer Längsschnitt eines zerrissenen
Markstrahles.

dünnwandigen Organen, welche durch Querwände in 3—4 Zellen geteilt
sind. Ihre Wandungen sind mit kleinen, einfachen, oft in Gruppen stehenden Tüpfeln besetzt und enthalten Bildungsstoffe und Sekrete.

Die Markstrahlen sind verschieden breit: zum Teil sind sie bloß
von 1—2 Zellreihen, oft aber auch von mehreren, bis zu 20—25 Zellreihen gebildet und bestehen aus verschieden geformten Parenchymzellen.
Die feinen Markstrahlen setzten sich aus ziegelförmigen Zellen zusammen;
die Randzellen der Markstrahlen aber sind häufig bedeutend höher, als die
mittleren, so daß sie mit ihrer Längsseite nicht der radialen, sondern der
Richtung der Stammachse folgen. Das Innere der dicken Markstrahlen
besteht aus beiderseits zugespitzten, spindelförmigen Zellen, welche sich
den ziegelsteinförmigen Markstrahlzellen mit Übergangsformen anschließen.

---

1) Über den Bau u. die Verrichtungen d. Leitungsbahnen i. d. Pflanzen. 1891,
p. 271.

Die inneren Wandungsschichten der Markstrahlzellen zeigen, wenn letztere zerrissen werden, eine spiralige Struktur (Fig. 3, 4)[1]). Die Spiralen sind leicht zu beobachten, wenn man das Holz in tangentialer Richtung spaltet und die zerrissenen Markstrahl-Enden untersucht. Durch diese spiralige Struktur wird die Festigkeit der Markstrahlzellen gegen Zusammendrückung offenbar erhöht, und erhalten sie durch dieselbe auch eine gewisse Elastizität, was sich an den dickeren, isoliert zurückbleibenden Markstrahlen rotfaulen Holzes leicht beobachten läßt.

Der Anteil, welchen die beschriebenen, einzelnen Elemente am Holze nehmen, ist auf die technischen Eigenschaften des Holzes von großem Einflusse. Die Festigkeit des Holzes hängt in erster Linie von der Anzahl der Fasertracheiden ab, welche hauptsächlich von der Anzahl und Größe der Gefäße beeinflußt wird. Weil aber die Entstehung der dickwandigen Fasertracheiden auch an die Quantität der Nährstoffe gebunden ist, so hängt die Qualität des Holzes zwar einerseits mit der durch die Baumkrone bedingten Größe des Transpirations-Wasserstromes, anderseits aber auch mit den Ernährungsverhältnissen zusammen. — Die Leitung des Wassers macht es notwendig, daß der Anteil der Gefäße sich mit dem Alter vergrößere. Mit dem Wachstum des Baumes wächst nämlich auch der Bedarf an Transpirationswasser, welcher natürlich nur bei Vergrößerung und Vermehrung der Gefäße befriedigt werden kann.

Der Anteil der einzelnen Elemente am Holze zeigt sich am auffälligsten im Gewichte desselben. Die Vermehrung der Gefäße bringt eine Verminderung des Gewichtes mit sich, während mit der Vermehrung der Fasertracheiden eine Gewichtserhöhung verknüpft ist. Im Zusammenhange hiermit wird also das Holz in derselben Höhe des Stammes mit dem Alter, d. h. von innen nach außen, und in ein und demselben Holzmantel von unten nach oben immer leichter, innerhalb der Krone aber wieder schwerer.

Diesbezüglich sei hier eine Serie der Gewichtsbestimmungen Hartigs mitgeteilt, welche sich auf denselben Stamm beziehen, auf welchen sich die vorher über den Anteil der Gefäße mitgeteilten Ergebnisse bezogen haben.

1. Spezifisches Trockengewicht des Holzes, von innen nach außen in gleicher, 1,3 m über dem Erdboden gelegener Höhe:

Zuwachsperiode	Spezifisches Gewicht
0—30	0,751
30—60	0,715
60—90	0,662
90—120	0,645

[1]) Hierüber s. Berichte d. deutschen botan. Gesellschaft. 1903, p. 276.

2. Von unten nach oben, in der 90—120 jährigen Zuwachsperiode:

H ö h e	S p e z i f i s c h e s G e w i c h t
1,3	0,645
5,5	0,638
10,7	0,632
15,9	0,606
21,1	0,600
26,7	0,702:

Im Stamme der Rotbuche wird der Transpirationswasserstrom durch die äußeren Jahresringe geleitet. Dies kommt am Querschnitte der frischgefällten Stämme durch eine feuchte Zone zum Vorschein. Die Breite dieser äußeren Zone ist verschieden. Sie umfaßte an meinen untersuchten Stämmen 40—70 Jahrringe. Weiter nach innen folgt ein trockener, zentraler Teil, welcher gewöhnlich etwas rötlich gefärbt (Taf. I, Fig. 2, b—c), aber ebenfalls lebend und von Thyllen frei ist. — Seine rötliche Farbe wird durch das Holzgummi der Parenchymzellen hervorgerufen.

Dieser trockenere, zentrale Teil nimmt an der Leitung des Transpirations-Wasserstromes unter normalen Verhältnissen nicht teil und enthält größtenteils nur Imbibitionswasser in den Zellwänden. Nach den Untersuchungen Hartigs[1]), bei welchen er die äußeren Jahresringe ringsherum durchsägen ließ, hat sich erwiesen, daß im Notfalle auch der innere trockenere Holzkörper die Aufgabe der Wasserleitung verrichten kann.

Der normale Buchenstamm besteht auch im höchsten Alter des Baumes aus diesem äußeren, vom Wasser durchdrungenen, und aus dem inneren, trockeneren Teil. Es kommt aber häufig vor, daß im Inneren der Stämme ein einförmig braungefärbter oder ein gezonter Kern entsteht, welcher, weil er nicht normal ist, falscher Kern genannt wird (Taf. I, Fig. 2, a—b).

Da der falsche Kern noch nicht entsprechend bekannt ist und seine Eigenschaften für die Fragen der Verwendbarkeit des Buchenholzes von hoher Bedeutung sind, unterzog ich dieses Gebilde einer eingehenderen, anatomischen und physiologischen Untersuchung; desgleichen prüfte ich auch dessen Dauer, Imprägnierbarkeit usw. Die Ergebnisse dieser Forschungen sollen nun in Folgendem mitgeteilt werden.

---

1) Holzuntersuchungen, Altes und Neues. p. 9.

Der falsche Kern.

Über die Ätiologie und die Eigenschaften des falschen Kernes finden wir in der Literatur folgende Anschauungen.

Nach Th. Hartigs[1]) Beobachtungen ist der falsche Kern der Rotbuche nicht die Folge einer Zersetzung durch Pilze, wie die Rotfäule, sondern beruht auf einer Füllung der Markstrahl- und Schichtzellen mit einem braunen, dem Stärkemehl nahestehenden Stoffe.

Nach R. Hartig[2]) entsteht der braune Kern alter Stämme nicht durch Einlagerung von Kernstoffen, sondern dadurch, daß von faulen Ästen her die braunen Zersetzungsprodukte sich im Stamm abwärts senken und das Innere des Holzes dunkler färben.

Solche braune, in der Regel pilzfreie Holzteile sind schwerer als das Splintholz, denn eine Zersetzung der Zellwände hat noch nicht stattgefunden, das Lumen der Organe ist aber mit jenen braunen Stoffen ausgefüllt. Von diesem unterscheidet R. Hartig den „verpilzten Faulkern".

R. Hartig äußert sich in einer anderen Arbeit[3]), daß der falsche Kern der Rotbuche von Ast- oder Wurzelwunden, oder von „Waldrissen" ausgeht und dadurch entsteht, daß infolge erhöhten Zutrittes der Luft die Parenchymzellen zur Bildung von Thyllen und Holzgummi angeregt werden. Auch erwähnt er, daß aus dem Falschkerne oft ein Mycel herauswächst. Zur Bildung des braunen Kernstoffes und der Thyllen liefern die Stärkekörner und andere plastische Bestandteile das Material. Da aber solche Stoffe in den inneren Teilen der Stämme nur in sehr geringer Menge vorzukommen pflegen, setzt er voraus, daß die notwendigen Stoffe sich durch Hinzuführung vermehren. Dies erscheint schon aus dem Grunde begreiflich, weil der Kern schwerer ist. (Hartig beschreibt aber auch das Entgegengesetzte in seiner Arbeit „Das Holz der Rotbuche" p. 72.)

Strasburger[4]) untersuchte auch einen falschkernigen Stamm; er beobachtete aber an diesem keine krankhaften Erscheinungen, sondern nur, daß derselbe reichlich Kernstoffe enthält.

Nach den Untersuchungen der Eberswalder forstlichen und der Charlottenburger mechanisch-technischen Versuchsanstalten[5]) ist das spezifische Gewicht und die Druckfestigkeit des falschen Kernes der Rotbuche größer als jene des Splintes.

---

1) Naturgesch. d. forstl. Kulturpflanzen. 1851, p. 211.
2) Unters. aus d. forstbotan. Inst. II. 1882, p. 4, 52.
3) Das Holz d. Rotbuche. p. 31.
4) Über den Bau u. die Verrichtungen d. Leitungsbahnen etc. 1891, p. 275.
5) S. Ztschr. für Forst- u. Jagdwesen. 1894, p. 535.

R. Hartig[1]) äußerte sich zuletzt dahin, daß der falsche Kern nur dann entstehe, wenn von Faulästen oder anderen offenen Stellen Luft in das Innere des Stammes gelange, worauf die Gerbstoffe oxydieren und die Gefäße durch Thyllen verstopft werden.

Die eingehendsten Untersuchungen wurden, besonders bezüglich der Ätiologie des falschen Kernes, von E. Herrmann[2]) vorgenommen. Aus diesen ergibt sich, daß der falsche Kern der Rotbuche durch Verletzungen

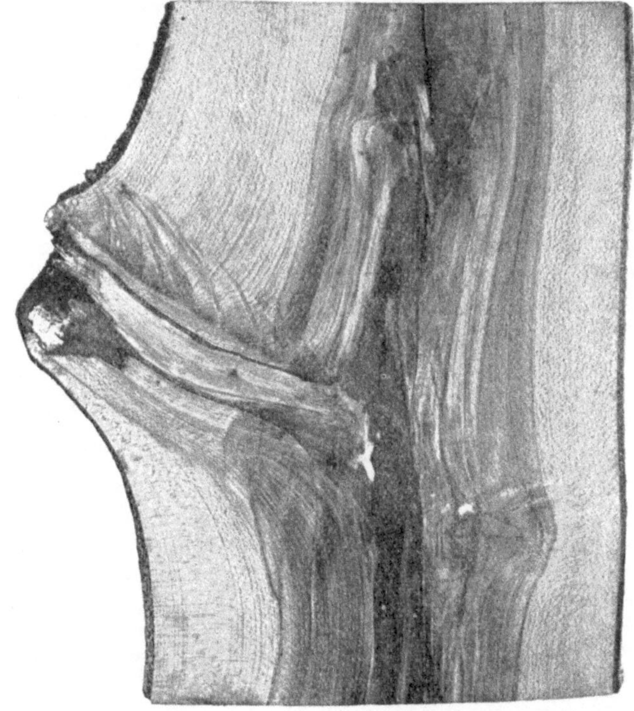

Fig. 5.

Offener Faulast, durch welchen der falsche Kern entstanden.

veranlaßt wird und daß derselbe eine Schutzholzbildung gegen den Angriff der Pilze ist; ferner, daß die Gefäße des falschen Kernes durch Thyllen verstopft sind und sich in seinen Elementarorganen Schutzgummi ablagert.

---

1) Holzuntersuchungen, Altes u. Neues. 1901, p. 15.
2) Über die Kernbildung bei der Rotbuche. Ztschr. für Forst- und Jagdwesen. 1902, p. 596. Diese Arbeit erschien während der Zusammenstellung des ungarischen Textes meiner Arbeit, also nach Abschluß meiner Untersuchungen.

Ich untersuchte 80 bis 100 Stämme mit falschem Kerne von verschiedenen Orten und ließ von diesen, um die Eigenschaften desselben
genauest beobachten zu können, 38 Stämme von unten bis zur Krone
zerstückeln.

Daraus, daß sich nicht in jedem Buchenstamme ein falscher Kern
entwickelt, folgt vor allem, daß wir dem normalen Kerne der Bäume
gegenüber, hier eine abnorme Bildung vor uns haben.

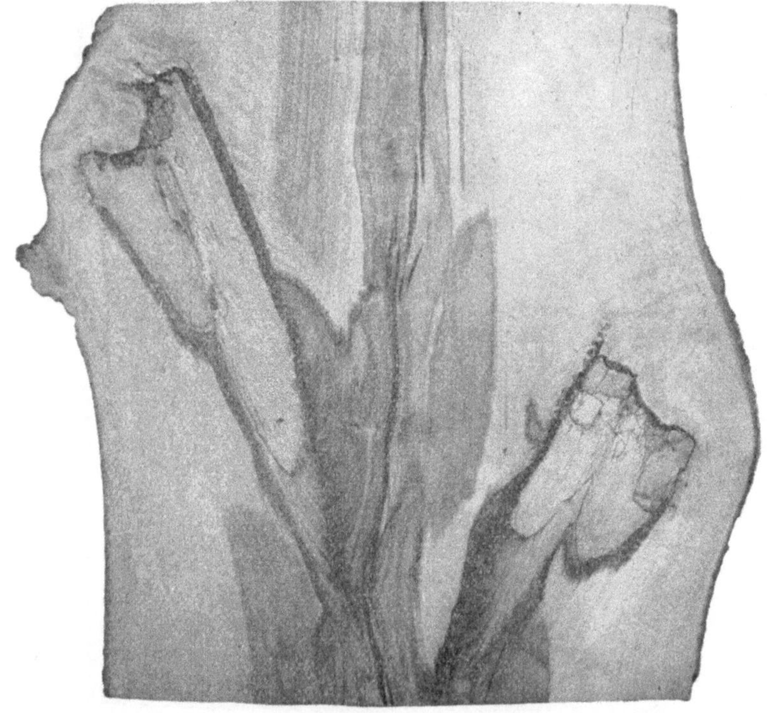

Fig. 6.

Umwallte Fauläste, durch welche der falsche Kern entstanden.

Bezüglich der makroskopischen Ursachen der Entstehung beobachtete
ich, daß der falsche Kern gewöhnlich von Faulästen ausgeht, in deren
Nähe derselbe am breitesten ist (Fig. 5, 6). Von hier verengt er sich
nach oben und unten, dringt aber nach oben gewöhnlich nicht so rasch
und weit vor, wie nach unten.

Der falsche Kern ist unregelmäßig begrenzt. Der organische Mittelpunkt des Stammquerschnittes fällt gewöhnlich ungefähr in die Mitte des

Kernes, manchmal aber ist der Kern exzentrisch, und dann befindet sich der organische Mittelpunkt an einer Seite desselben.

Außerdem entsteht ein dem falschen Kerne ähnliches Gebilde auch um Wundstellen herum, welches sich entweder nur unmittelbar um dieselben vorfindet, oder aber sich von größeren Verletzungen aus auch stammauf- und abwärts ausbreitet.

All diese Bildungen unterscheiden sich vom normalen Splintholze dadurch, daß besonders die parenchymatischen Zellen, aber auch die anderen Organe, einen rotbraunen Stoff, das Holzgummi enthalten, mit welchem auch die Wandungen durchtränkt sind, und daß die Gefäße mit Thyllen verstopft sind. Diesen Merkmalen nach müssen wir all diese Verände-

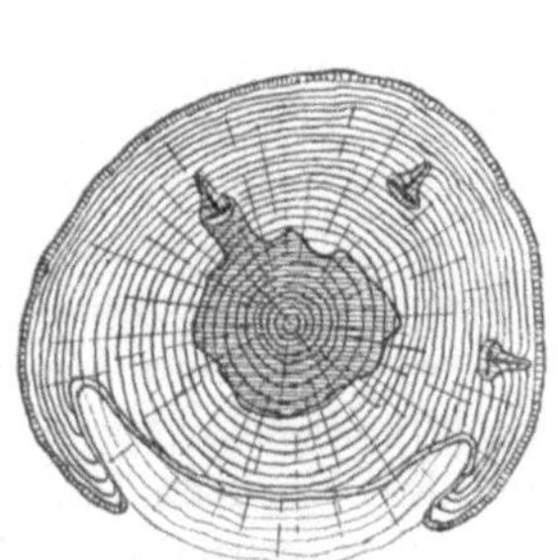

Fig. 7.

Querschnitt eines Stammes mit falschem Kerne und einer, durch Sonnenbrand entstandenen faulen Stelle. Im Splinte kleine, überwallte Wundstellen.

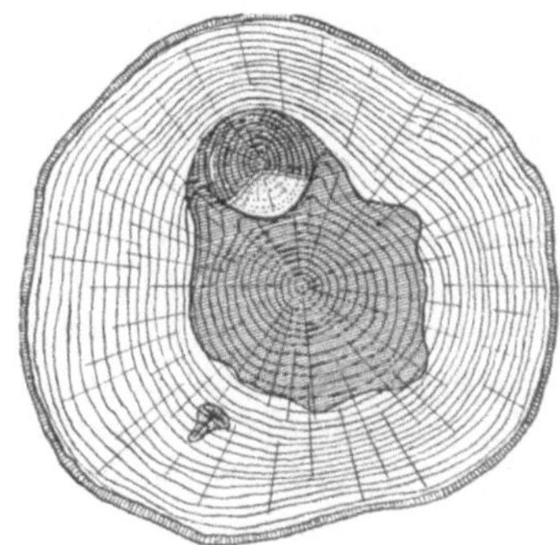

Fig. 8.

Falscher Kern mit einem Faulaste. Im Splinte eine kleine überwallte Wundstelle.

rungen des Buchenholzes für anatomisch identisch halten mit dem von Frank[1]) und Temme[2]) beschriebenen Schutzholze.

Vergleichen wir jedoch die oben beschriebenen Schutzholzbildungen des Buchenholzes auch von anderen Gesichtspunkten miteinander, so finden wir, daß jenes Schutzholz, welches sich in der Umgebung von Wundstellen bildet, nach Überwallung derselben sich nicht mehr weiter verbreitet (Fig. 7, 8). Ähnliches beobachtete ich auch an solchen rotbraunen Flecken, welche hier und da im Splintholze zu finden sind, und welche, wie oben erwähnt, mit größeren verfaulten Wundstellen im Zusammenhange stehen. Aus diesen Wundstellen zogen sich nämlich immer enger werdende braune Partien nach oben und unten, verbreiteten sich aber, von einer dunkleren Zone

---

[1]) Über die Gummibildung etc. Ber. d. deutsch. botan. Ges. 1884, p. 321.
[2]) Über Schutz- u. Kernholz etc. Landw. Jahrbücher. 1885, p. 465.

umgeben, nicht mehr weiter. Besonders waren diese braunen Flecke an ihre Entstehungsorte gebunden, wenn sie sich in jenem Teile des Splintes befanden, welcher an der Leitung des Transpirations-Wasserstromes beteiligt ist; das heißt, wenn sie in jüngeren, 40—50 jährigen Stämmen, oder in jenen äußeren Teilen älterer Stämme vorkamen, welche wir vorher als den Weg des Transpirations-Wasserstromes kennen gelernt haben.

Diesen Formen des Schutzholzes gegenüber ist der falsche Kern ein stets mit der organischen Mitte des Stammes in Beziehung stehendes Gebilde, welches einmal entstanden, sich immer weiter ausbreitet. In dieser Beziehung ist der Kern der Rotbuche verschieden vom Schutzholze der Wundstellen und verwandt mit dem normalen Kerne der Bäume.

Bezüglich der unmittelbaren Ursachen der Entstehung bewiesen meine mikroskopischen Untersuchungen und Beobachtungen unter der Kulturglocke, ähnlich den Untersuchungen von Herrmann und gewissermaßen von R. Hartig, daß im falschen Kerne, besonders in der Umgebung des Markes, immer Pilzfäden zu finden sind; und alle Zeichen weisen darauf hin, daß der Stamm zur Bildung des falschen Kernes durch diese Pilzfäden angeregt wird, welche in das Innere des Stammes gelangend, sich hier weiter verbreiten, aber überall auf das sich ebenfalls verbreitende, widerstandsfähige Schutzholz stoßend, hier in der Regel keine Fäulnis erzeugen können, sondern dies nur nach längerer, heftiger Einwirkung unter außergewöhnlichen Umständen vermögen.

Die unmittelbaren Ursachen der Bildung des Schutzholzes um die äußeren Verletzungen, sind meines Wissens experimentell nicht aufgeklärt. Man nimmt aber gewöhnlich an, daß die Entstehung von Schutzsekreten und Thyllen [1]) jenem Umstande zuzuschreiben ist, daß die betreffenden Gewebeteile infolge der Verwundung den äußeren Einwirkungen und hauptsächlich den Einwirkungen der Luft und der Pilze ausgesetzt sind. Die weiter unten näher zu beschreibenden Untersuchungen, und zwar die Infektionsversuche bezüglich der Ursachen des Erstickens des Rotbuchenholzes, haben jedoch gezeigt, daß im Holze Thyllen und Schutzgummi ausschließlich infolge Einwirkung der Pilzfäden entstanden sind.

Demzufolge ist die Annahme jedenfalls berechtigt, daß das sich um Wundstellen bildende Schutzholz, gleich dem falschen Kerne, auch auf einen Pilzangriff zurückzuführen ist, insbesondere jenes, welches von größeren Wundstellen ausgehend, in das Splintholz tiefer eindringt und derart von der Luft ziemlich abgeschlossen, jedoch von Pilzfäden durchdrungen ist.

Hier stehen wir aber bei gleicher Entstehungsursache wieder jener Tatsache gegenüber, daß sich der falsche Kern immer um den organischen

---

[1]) Vergl. Küster, Pathologische Pflanzenanatomie. p. 104.

Mittelpunkt befindet, und mit dem Alter des Baumes sowohl in der Länge als auch im Durchmesser erweitert, und daß seine ganze Entwicklung und Erweiterung in gewissem Maße einheitlich ist. Das in den äußeren Teilen um Wundstellen entstandene Schutzholz ist dagegen eine örtlich gebundene Bildung, welche eine gewisse Größe erreicht und sich dann bis zum spätesten Alter des Stammes nicht mehr vergrößert.

Dieser Umstand ist also für den falschen Kern charakteristisch, er macht ihn ähnlich dem normalen Kerne, und verschieden von dem Schutzholze der Wundstellen.

Es sind daher außer den Ursachen der Enstehung und außer den mit dem Mikroskope und freiem Auge sichtbaren anatomischen Verhältnissen besonders jene Fragen von Wichtigkeit, warum das als „falscher Kern" bezeichnete Schutzholz sich in der Mitte der Stammquerschnitte entwickelt, und warum Pilzfäden in den äußeren Teilen des Stammes, entfernt von dem Mittelpunkte, kein sich fortwährend verbreitendes Schutzholz erzeugen können?

Alle Zeichen weisen darauf hin, daß die Unterschiede zwischen dem Schutzholze der Wundstellen und dem falschen Kerne mit dem physiologischen Zustande der betreffenden Holzteile im Zusammenhange stehen.

Wie schon oben erwähnt, sind die inneren Teile des Buchenstammes an der Leitung des Transpirations-Wasserstromes nicht mehr beteiligt und sind nach den Untersuchungen von Hartig [1]), Weber [2]) und Schröder [3]) auch an Nährstoffen, Stärke und Eiweiß ärmer als die äußeren Teile. Dies deutet darauf hin, daß dieser innere, trockenere Teil für die Lebensfunktionen belanglos ist und unter normalen Verhältnissen an denselben auch nicht teilnimmt. Dieser Stammteil bleibt aber trotzdem am Leben, das Parenchym behält seinen funktionsfähigen Inhalt.

Mit dem Dickenwachstume des Stammes wächst auch dieser Teil und der Sitz der Lebensfunktionen verschiebt sich allmählich nach außen. Dieselben spielen sich immer am kräftigsten in den äußersten, unmittelbar unter dem Baste befindlichen Jahresringen ab.

Eine andere hier in Betracht kommende Tatsache ist, daß zur Bildung von Schutz-Sekreten und Thyllen sich solche Gewebepartien eignen, welche an den Lebensfunktionen der Pflanze infolge von Verwundung oder aus anderen Gründen nicht mehr entsprechend teilnehmen, während in jenen Geweben, welche die Aufgaben des Stoffwechsels mit voller Kraft verrichten,

---

[1]) Das Holz d. Rotbuche. p. 38.
[2]) Das Holz d. Rotbuche. p. 194.
[3]) Forstchemische u. pflanzenphysiologische Unters. I.

solche Gebilde nicht entstehen können. Die ersteren Gewebe begünstigen außerdem auch die Verbreitung der Pilzfäden mehr als die letzteren.

Wenn wir diese Gesichtspunkte in Betracht nehmen, so müssen wir die Entstehung des falschen Kernes mit jener Eigenschaft des im Inneren des Stammes befindlichen, trockeneren Teiles in Zusammenhang bringen, wonach derselbe an den Lebensfunktionen nicht mehr teilnimmt. Hier entsteht der falsche Kern infolge des Angriffes der Pilzfäden und wächst mit den außer Funktion stehenden Teilen, wenn auch unregelmäßig, doch mehr oder weniger einheitlich weiter.

Die Entstehung des falschen Kernes kann mit der Bildung des normalen Kernes der Bäume jedenfalls in Beziehung gebracht werden. Die Entstehung des letzteren ist nämlich mit der Bildung des falschen Kernes der Buche insofern identisch, als hierbei ebenfalls der innere, außer Funktion stehende Teil des Stammes sich zum Schutzholze umwandelt. Während jedoch die normale Verkernung ein von sich selbst vorgehender Prozeß, mithin ein präventives Schutzmittel gegen das Vordringen der Pilze in das Innere des Stammes ist, entsteht der sich unregelmäßiger entwickelnde und minder vollkommene, abnorme Kern der Rotbuche nur dann, wenn die durch die Fauläste eindringenden Pilze das Innere des Stammes bereits angegriffen haben.

Es sei hier erwähnt, daß wir in der Literatur oft der Meinung begegnen, daß der normale Kern der Bäume nicht widerstandsfähiger sei, als der Splint, denn es ist oft zu beobachten, daß die parasitären Pilze gerade das Kernholz befallen, und daneben der Splint verschont bleibt. Dies ist nicht zu leugnen. — Es darf aber diesbezüglich nicht außer Betracht gelassen werden, daß wir das Kern- und Splintholz in dieser Beziehung miteinander im lebenden Stamme nicht vergleichen können. Der Splint ist nämlich der Sitz der Lebensfunktionen, insbesondere der Weg des Transpirations-Wasserstromes, und eignet sich demzufolge nicht für das Gedeihen der Pilze. Der Kern ist dagegen ein mehr oder weniger funktionslos stehender Teil des Stammes, wodurch der Angriff der Pilze begünstigt wird. Wird der Stamm jedoch gefällt, und gelangen dadurch Kern und Splint in physiologisch gleichen Zustand, so können wir auffälligerweise wahrnehmen, daß unter geeigneten Umständen der Splint viel leichter und schneller von Pilzen zersetzt wird als der Kern. Dies liefert zweifellos den Beweis, daß die Kernstoffe das Holz gegen die Pilze konservieren.

Zur Frage der Kernbildung der Rotbuche zurückkehrend, und dieselbe mit dem Schutzholze kleinerer, äußerer Wundstellen vergleichend, können wir konstatieren, daß im Gegensatze zum falschen Kerne, die Pilzfäden um die Wundstellen äußerer Stammteile kein fortwährend wachsendes Schutzholz erzeugen können, sondern dies nur in unmittelbarer Nähe der Wundstellen entsteht, wodurch die benachbarten Teile durch dasselbe isoliert, ungestört die Lebensfunktionen verrichten können.

Aus diesen Gründen kann der falsche Kern nicht mit jedwelcher Verwundung des Stammes in Beziehung gebracht werden, sondern kann nur dann entstehen, wenn den Pilzfäden der Weg bis zu den inneren, trockeneren Teilen gebahnt wird, wozu besonders die mit der Zeit abbrechenden Äste, die abgestorbenen Aststummel geeignet sind.

Das Gewebe der abgesetzten oder abbrechenden Äste stirbt an dem ganzen Querschnitt der Bruchstelle ab und ist oder wird von Pilzen angegriffen. Tiefer nach innen bleibt nun die untere Seite des Aststummels lebend (Fig. 5, 6 und 8), schließt sich in jeder Beziehung den äußeren, den Stummel überwallenden Teilen an und bildet neben dem faulenden Teil eine Schutzholz-Zone. Der obere, respektive im Querschnitte (Fig. 8) gegen die Mitte des Stammes liegende Teil des Astes stirbt in seiner ganzen Länge ab und verfault. Dieser bildet im Querschnitte ein Dreieck. Die Pilzfäden gelangen auf diesem Wege in das Innere des Stammes und dringen hier besonders durch die Markröhre und die Markrisse nach oben und unten, worauf das Holz mit der Bildung eines sich fortwährend verbreiternden Kernes reagiert. In dem widerstandsfähigen Kerne verursachen die Pilze nur unter gewissen Umständen und nach längerer Einwirkung Fäulnis. Diese beginnt gewöhnlich ebenfalls an der Markröhre, und natürlich zu allererst in der Umgebung des Aststummels, wo die Pilze das Holz zuerst und am wirksamsten angegriffen haben.

Sehr oft findet man an Buchenstämmen Querschnitte, an welchen der falsche Kern so erscheint, als ob er von der überwallten Stelle einer äußeren Verwundung entsprungen wäre.

Einen solchen Fall veranschaulicht Fig. 7 und 9, wo der Kern mit der überwallten Wundstelle auf eine Weise im Zusammenhange steht, als ob derselbe aus dieser hervorgegangen wäre. (Außerdem befinden sich auf Fig. 7 im Splinte noch zwei abgesondert stehende T förmige Wundstellen.) Ich untersuchte mehrere solche Kerne, und fand, daß ihre Entstehung mit der betreffenden Wundstelle in gar keiner Beziehung steht, sondern, daß der Kern von einem, manchmal schon ganz umwallten, verfaulten Aststummel ausgeht, sich weiter verbreitet und so mit der Zeit in die Nähe der Wundstelle gelangend mit Vorliebe zur Schutzholzzone derselben vorspringt. Hierzu eignet sich der von der Wundstelle nach innen gelegene Holzteil vermutlich darum, weil dieser in das Innere des Stammes gelangend, früher aus den Lebensfunktionen scheidet und dadurch leichter zum Schutzholze wird als die benachbarten Splintteile.

Diese Vorsprünge des Kernes zu einzelnen überwallten Wundstellen kann man auch bei Holzarten mit normalem Kerne beobachten.

Die beschriebene Form des falschen Kernes der Buche kann den Beobachter leicht täuschen, und ich glaube, daß dies bei dem Stamme Nr. 12 und überhaupt bei der zweiten Gruppe der Stämme Herrmanns (l. c. p. 601, 602, 611, 614, 615) der Fall ist. Er bildete nämlich eine besondere Gruppe von Stämmen, bei welchen der falsche Kern, seiner Ansicht nach, nicht aus Faulästen, sondern aus kleineren überwallten Wundstellen entstanden ist. Herrmann folgert dies aus dem oben

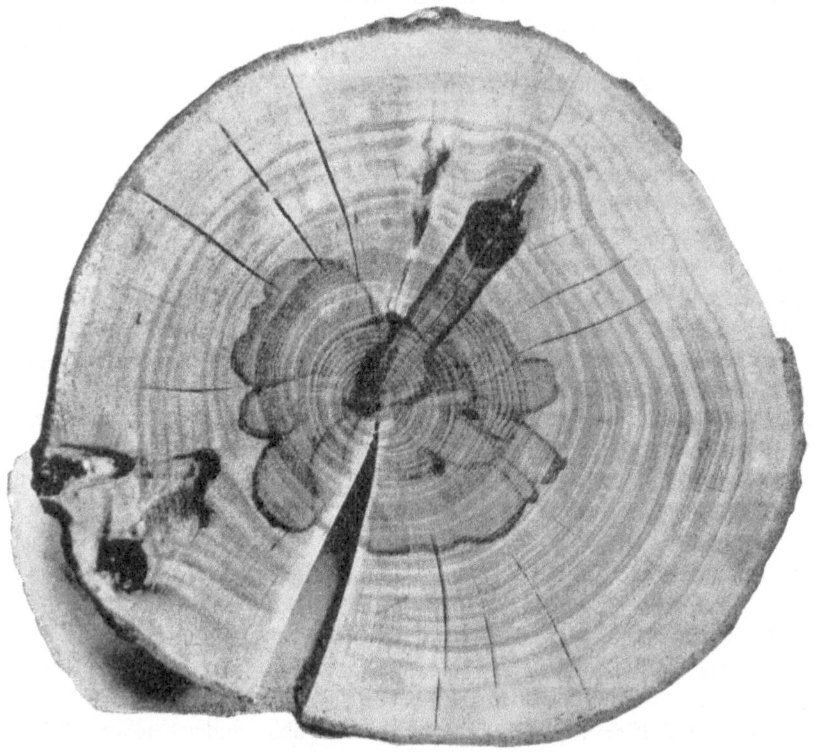

Fig. 9.

Falscher Kern im Zusammenhange mit einer kleinen Wundstelle.

beschriebenen Zusammenhange des falschen Kernes mit solchen kleineren Wundstellen.

Ich untersuchte mehrere Stämme mit solchen Wundstellen und fand, daß die Pilzfäden und das Schutzholz derselben örtlich gebunden sind und sich nicht mehr ausbreiten. Dies habe ich schon oben erörtert und erwähne hier nur noch, daß sich einwärts von derartigen, am Stammäußeren entstandenen Wundstellen, der an der Leitung des Wasserstromes teilnehmende und von Wasser strotzende Holzteil befindet, durch welchen die Pilzfäden schon des Wassers wegen nicht durchdringen, die inneren, trockeneren, zentralen Teile nicht erreichen und demzufolge keinen falschen Kern verursachen können. Dies kann aber auch aus dem Grunde nicht vorausgesetzt werden, weil sich die Pilzfäden im Holze nicht in radialer, sondern in der Längsrichtung ausbreiten, und in erster Richtung verhältnismäßig nur sehr langsam wachsen; demzufolge kann die Verbreitung der Pilzfäden in solcher Richtung und Weise, wie es auf Fig. 7 und 9 der Zusammenhang zwischen der Wundstelle und dem falschen Kerne andeutet, von der Wundstelle aus nicht geschehen. Sollten übrigens auch kleinere äußere Verletzungen zur Kernbildung führen können, so würde man öfters auch Stammquerschnitte finden, an welchen sich der falsche Kern von so einer Wundstelle aus eben zu verbreiten beginnt und das organische Zentrum noch nicht erreicht hat. Das fand ich aber in keinem einzigen Falle.

Wenn wir überdies den Zusammenhang solcher kleinerer Wundstellen auch anatomisch untersuchen, so finden wir, daß der vorspringende Teil des Kernes mit jenem dunkleren Halbkreise, welcher das Schutzholz der Wundstelle nach innen begrenzt, derart zusammentrifft, daß derselbe auf beiden Seiten je eine Ecke bildet, was nur so zu erklären ist, daß der Kern zur Wundstelle vordrang; denn hätte sich umgekehrt das Schutzholz der Wundstelle nach innen verbreitet, so hätte dies in der begonnenen Weise in immer größer werdenden Kreisbögen geschehen müssen.

Solche kleinere Wundstellen können also mit der Entstehung des falschen Kernes nicht in Beziehung gebracht werden, und deshalb können aus der Lage solcher Wundstellen keine weiteren Schlüsse gezogen werden.

Hier könnte noch in Frage kommen, ob die Pilzfäden in solchen kleineren, überwallten Wundstellen nicht jahrzehntelang lebend bleiben, und ob diese nicht wieder in Wirkung treten können, wenn sie nach Entstehung neuer Jahresringe mit der Zeit in jene inneren Teile des Stammes gelangen, welche zur Bildung eines falschen Kernes geeignet sind?

Meine Beobachtungen bewiesen dies in keinem einzigen Falle, sondern ich konnte an den untersuchten Stämmen konstatieren, daß die Pilzfäden von der Schutzholzzone der Wundstellen umgeben, nie weiter wuchsen. Herrmann hebt in seiner Besprechung[1] meiner vorläufigen Mitteilung hervor, daß das Weiterwachsen dieser Pilzfäden durchaus nicht ausgeschlossen sei, und daß dieselben wieder die Überhand gewinnend, zur Kernbildung führen können. An meinem ziemlich ausgedehnten Untersuchungsmateriale konnte ich, wie erwähnt, nur das Gegenteil beobachten, und es ist auch in den Beschreibungen Herrmanns kein entsprechender

---

[1] Ztschr. für Forst- und Jagdwesen. 1904, p. 263.

Beweis angeführt, welcher die obige Behauptung bestätigen würde; folglich kann ich, bis ein sicherer Beweis nicht erbracht wird, dem obigen Satze Herrmanns nicht beistimmen.

Tiefere Wunden, durch welche die Pilzfäden in die innersten Teile des Stammes gelangen, können, theoretisch betrachtet, zur Kernbildung führen. Diesbezüglich untersuchte ich 12 solche 100—150 jährige Stämme, an deren unterem Teile sich eine seitliche Höhlung befand, oder eine von der Sonne, oder von Lauffeuer angebrannte, weißfaule Stelle vorhanden war (Fig. 7 u. 10), welche von Stereum hirsutum (Willd), Schizophyllum commune Fr. und anderen Pilzen besetzt war. — Die Untersuchung ergab, daß unter diesen Stämmen zwei waren, an welchen der falsche Kern von den unteren faulenden Teilen auszugehen schien und nach oben immer enger wurde; ferner vier, an welchen um und über dem verfaulten Teile der Stamm in seiner ganzen Länge normal blieb, und nur am Rande des zersetzten Teiles eine schmale Schutzholzzone wahrzunehmen war. Endlich zog sich in sechs unten angefaulten Stämmen die Fäulnis im Inneren des Stammes auch nach oben, und verwandelte sich daselbst langsam zum falschen Kerne; an diesen war jedoch zu konstatieren, daß der Kern von oben, aus Faulästen entstand, und daß die Fäulnis schon im vorhandenen Kerne nach oben fortschritt. Aus diesen Untersuchungsergebnissen geht also hervor, daß die Annahme, der falsche Kern rühre von den unten entstandenen Wundstellen her, bloß in den ersten zwei Fällen berechtigt zu sein scheint.

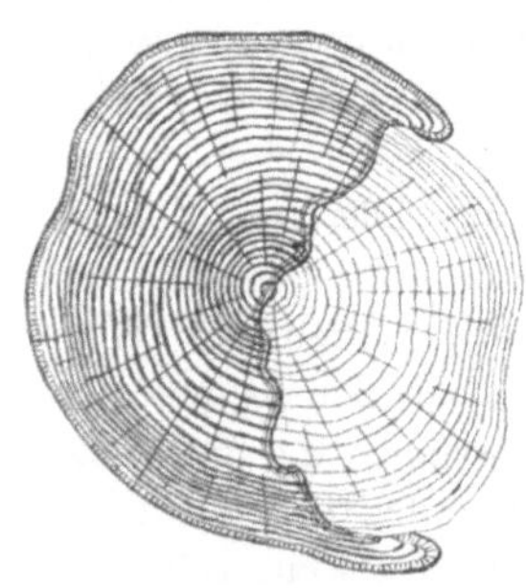

Fig. 10.

Stammquerschnitt mit einem durch Feuer entstandenen weißfaulen Teile.

Bei solchen tieferen Wunden kann auch jener Umstand in Betracht kommen, daß im Falle der Verwundung der äußeren Holzmäntel, die Leitung des Wassers der innere Teil übernimmt[1]), und dadurch auf das Eindringen der Pilzfäden und zugleich auf die Entstehung und Verbreitung des Kernes an der betreffenden Stelle hemmend einwirkt.

Ein falschkerniger Stamm, an dem nachzuweisen gewesen wäre, daß der Kern aus Wurzelverwundungen entstand, befand sich unter den von mir untersuchten Stämmen nicht.

Hierbei muß ich erwähnen, daß die Erforschung des Kernursprunges ziemlich schwierig ist, da die fortwährend entstehenden neuen Holzmäntel, besonders an älteren Stämmen, sehr viel Bedeutungsvolles verbergen können.

---

1) Vergl. R. Hartig, Holzuntersuchungen, Altes u. Neues. p. 9.

Dieser Umstand macht in der Längs- und Querrichtung eine gründliche Zerstückelung des Stammes notwendig.

Auf die Entstehung, Weiterverbreitung und Form des falschen Kernes üben verschiedene äußere und innere Umstände Einfluß, deren Mannigfaltigkeit sich auch im Kerne äußert. So stehen mit der Form und überhaupt allen Eigenschaften des Kernes die Infektionsstellen, sowie deren Natur und Anzahl am Stamme, in enger Beziehung; nicht minder die Prädisposition des Stammes zur Bildung des falschen Kernes, welche mit dem Alter, den Vegetations-Verhältnissen und den individuellen Eigenschaften zusammenhängt.

Unter den letzteren spielen die Energie des Wachstumes und die Größe der Krone, welche auf sämtliche, sich im Stamme abspielenden Lebensfunktionen großen Einfluß ausüben, eine bedeutende Rolle.

Schon aus dem früher Erwähnten geht hervor, daß die Gefäße des falschen Kernes mit Thyllen ausgefüllt sind, und daß besonders die parenchymatischen Zellen, aber auch die anderen Organe, einen rotbraunen Stoff enthalten und endlich, daß wir hier und da auch Pilzfäden in den Zellen finden.

Durch die Bildung der Thyllen werden die Gefäße verstopft, und der betreffende Holzteil wird dadurch zur Wasserleitung gänzlich unbrauchbar. Diese Thyllen wachsen aus den benachbarten Parenchymzellen durch die Tüpfel in die Gefäße hinein. Besonders entstehen zahlreiche Thyllen in den Gefäßen dort, wo sich dieselben mit Markstrahlen berühren (ähnlich wie es Taf. II, Fig. 7 zeigt).

Von dem braunen, alle Organe färbenden Stoffe sind auch die Thyllen braun gefärbt.

Zur Bestimmung des braunen Farbstoffes des Kernholzes stellte ich eingehendere Untersuchungen an. Dieser befindet sich in größter Menge in Form von kleinen Körnern, Kügelchen, Bekleidungen in den Parenchymzellen, und entsteht daselbst durch Umwandlung der Stärke und anderer Nährstoffe. Von hier aus diffundiert er aber in einer wanderungsfähigen Form auch in die toten Organe: in die Gefäße, Libriformzellen und Tracheiden, durchtränkt deren Wandungen und füllt hier und da auch deren Lumina.

Bezüglich des Ursprunges dieses Stoffes bestätigen meine Untersuchungen die Ansicht R. Hartigs, wonach derselbe aus jenen Nährstoffen entsteht, welche aus dem Baste durch die äußeren Holzteile zur Stelle der Verkernung wandern.

Diese Frage läßt sich am einfachsten und zugleich sichersten durch die Ermittelung der Gewichtsverhältnisse entscheiden. — Ich untersuchte diesbezüglich in 24 Stämmen den falschen Kern, und fand, daß die Entstehung des falschen Kernes in 19 Fällen mit Gewichtserhöhung verbunden war [1]). Das spezifische Gewicht der in Zimmerluft gut ausgetrockneten Kernstücke war im Durchschnitte 0,715, das der unmittelbar benachbarten Splintstücke aber nur 0,683. Die Gewichte der einzelnen Stücke sind in Tabelle 1 zusammengestellt.

Tabelle 1.

Nr.	Kern			Splint		
	Gewicht g	Volumen cm³	Spez. Gewicht	Gewicht g	Volumen cm³	Spez. Gewicht
1	215,5	297	0,73	262,0	409	0,64
2	192,5	265	0,73	197,0	299	0,66
3	158,0	218	0,72	188,5	244	0,77
4	287,5	402	0,72	185,0	278	0,67
5	230,7	352	0,66	246,2	385	0,64
6	256,5	360	0,71	267,5	395	0,69
7	262,2	360	0,73	266,5	388	0,69
8	288,7	322	0,71	224,7	356	0,63
9	254,4	365	0,70	268,5	387	0,70
10	168,2	230	0,73	231,2	309	0,75
11	145,5	199	0,73	221,2	314	0,71
12	197,5	240	0,82	238,9	297	0,80
13	229,5	359	0,64	228,5	369	0,62
14	276,4	390	0,71	243,5	384	0,63
15	267,4	391	0,68	239,4	373	0,64
16	280,7	359	0,78	269,7	374	0,72
17	233,9	330	0,71	297,7	449	0,66
18	282,2	406	0,69	258,2	388	0,66
19	291,5	435	0,67	263,0	417	0,63
20	198,5	299	0,66	203,0	320	0,64
21	276,5	387	0,72	283,7	430	0,66
22	360,4	433	0,83	366,6	444	0,83
23	374,2	550	0,68	325,7	477	0,68
24	346,9	486	0,71	323,4	493	0,66
Durchschnittlich			0,715			0,683

[1]) In zwei Fällen war der Splint etwas schwerer (Nr. 3 u. 10), bei diesen begann jedoch an der Grenze des falschen Kernes ein viel dichteres Holz; außerdem waren in drei Fällen (9, 22 u. 23) Kern und Splint von gleichem Gewichte, was einesteils mit der minder vollkommenen Ausbildung des Kernes im Zusammenhange steht, andererseits davon herrühren kann, daß das untersuchte Splintholz schon ursprünglich schwerer war, als der benachbarte, nach innen liegende Teil, wodurch die mit der Kernbildung verbundene Gewichtserhöhung ausgeglichen wurde.

Bezüglich dieser Gewichtsverhältnisse muß ich erwähnen, daß das spezifische Gewicht des normalen Rotbuchenholzes, wie es die Untersuchungen von Hartig[1] und Schwappach[2] zeigten, von innen nach außen abnimmt. Hieraus kann betreffs des zentral gelegenen falschen Kernes gefolgert werden, daß derselbe schon vor der Verkernung schwerer war, als die äußeren Holzteile. Um die Bedeutung der Gewichtsverhältnisse in Tabelle 1 in dieser Richtung näher zu erklären, habe ich einige Stämme ohne Kernbildung — welche ich mit den vorherigen, falschkernigen Stämmen gleichzeitig abstocken ließ — vergleichend untersucht, indem ich das spezifische Gewicht der aus verschiedenen Stammteilen genommenen je 10—20 Jahresringe enthaltenden Nachbarstücke bestimmte. Die diesbezüglichen Ergebnisse sind in Tabelle 2 enthalten, wo die „inneren" Stücke jene dem organischen Zentrum näher gelegenen — die „äußeren" dagegen die aus der unmittelbaren Nachbarschaft der vorigen, nach außen entnommenen sind.

Tabelle 2.

Nr.	Inneres Stück			Äußeres Stück		
	Gewicht g	Volumen cm³	Spez. Gewicht	Gewicht g	Volumen cm³	Spez. Gewicht
1	264,5	358	0,74	281,2	383	0,73
2	244,7	353	0,69	225,0	340	0,66
3	315,2	404	0,78	371,4	468	0,79
4	245,0	416	0,59	275,2	446	0,59
5	322,8	419	0,77	304,0	411	0,74
6	272,7	374	0,73	255,6	378	0,68
7	296,4	388	0,76	270,5	374	0,72
8	348,0	471	0,74	394,2	516	0,76
9	302,9	434	0,70	301,2	417	0,72
Durchschnittlich			0,722			0,710

Wenn wir die spezifischen Gewichte der benachbarten Stücke miteinander vergleichen, so finden wir bei der Mehrzahl, daß die inneren Stücke schwerer sind als die äußeren, und zwar haben die ersteren im Durchschnitte ein spez. Gewicht von 0,722, die äußeren dagegen nur von

---

[1] Das Holz der Rotbuche. p. 66.

[2] Beitr. z. Kenntnis der Qualität des Rotbuchenholzes. Ztschr. f. Forst- und Jagdwesen. 1894, p. 513.

0,710[1]). Die Differenz dieser Zahlen ist aber geringer als jene, welche zwischen den durchschnittlichen Gewichten des falschen Kernes und des benachbarten Splintes aus der Tabelle 1 zu ersehen ist. Diese Differenz ist nämlich bei den letzteren 0,032, bei den ersteren aber nur 0,012, welcher Umstand darauf hinweist, daß das Holz durch die Verkernung in der Tat schwerer wird; und zwar ist die durch die Kernbildung verursachte Gewichtzunahme an den untersuchten Stücken durchschnittlich 0,020, d. h. die Differenz der vorigen Gewichtsunterschiede.

Die Ergebnisse der Untersuchungen von Hartig und Schwappach können mit den obigen Daten nicht ohne weiteres verglichen werden, da sich diese auf absolut trockenes, normales Holz beziehen, bei welchem das durch die Erhitzung herbeigeführte Schwinden das spezifische Gewicht bedeutend beeinflußt; dieses Schwinden ist aber an schwereren Teilen größer, an leichteren verhältnismäßig kleiner. — Diese Verschiedenheit des Schwindens beeinflußt jedenfalls auch die spezifischen Gewichtsverhältnisse an meinen lufttrockenen Stücken; jedoch betreffs des falschen Kernes in entgegengesetztem Sinne, als im normalen Holze, denn der falsche Kern, dessen Zellwände mit Holzgummi durchtränkt sind, schwindet weniger als der Splint und erhöht sich infolgedessen das aus dem Volumen und dem Gewichte berechnete spezifische Gewicht des Splintes durch das Schwinden mehr, als jenes des falschen Kernes, welcher Umstand einen Teil der mit der Verkernung verbundenen Gewichtszunahme verbirgt. Ohne getrocknet zu sein, können jedoch beide nicht verglichen werden, da der Splint mehr Wasser enthält als der Kern.

Ebenso wie die mikroskopische Untersuchung, bewiesen also auch die Gewichtsverhältnisse, daß die Entstehung des falschen Kernes mit Einlagerung von Stoffen verbunden ist.

Das chemische Verhalten des braunen Stoffes deutet auf das von Frank und Temme beschriebene Schutzgummi hin. Meine Untersuchungen ergaben, daß er verdünnten Säuren, Laugen, Äther, Alkohol und Schwefelkohlenstoff widersteht; mit erwärmtem chlorsaurem Kali und Salzsäure behandelt, verliert er seine rotbraune Farbe, und in solchem Zustande wird er durch Alkohol in gewissem Maße gelöst. Er wird ferner von Ruthenium rot gefärbt, welche Eigenschaft den Pektinstoffen eigen ist. Phloroglucin und Salzsäure färbt das Holzgummi des falschen Kernes rot; Eisenchlorid verursacht nur sehr mäßige Verfärbung, sein Gerbstoffgehalt ist also ein geringer; Chlorzinkjod war ohne Wirkung, dagegen verursachten Salzsäure, verdünnte Schwefelsäure, Kalilauge, Natronlauge und Ammoniak

---

[1]) Daß das spez. Gewicht dieser Stücke im Durchschnitte höher ist, als das jener in Tabelle 1, darf uns nicht befremden, da die Gewichte in den verschiedenen Stämmen und Stammhöhen sehr variabel sind; und nachdem wir nur das Verhältnis der Gewichte benachbarter Stücke benötigen, so sind die absoluten Größen der Gewichte von keiner Bedeutung.

an den Gummikörnern, Tropfen und Belegen bald eine schwächere, bald
eine intensivere violette Verfärbung.

Außerdem untersuchte ich diesen Stoff auch in anderen Beziehungen
und gewann die Überzeugung, daß, trotz der ausführlichen Arbeiten von
Frank und Temme und der obigen Ergebnisse, das Holzgummi, und
mithin auch der rotbraune Stoff des falschen Kernes der Buche, noch
immer etwas Unbekanntes ist, und daß wir zur Beurteilung seines
Wesens keine sicheren Stützpunkte haben. Wie wir weiterhin sehen werden,
scheint, den Reaktionen nach zu schließen, die braune Farbe des „erstickten"
Buchenholzes von demselben Stoffe herzurühren. Während jedoch der
falsche Kern Pilzen gegenüber sehr widerstandsfähig ist, wird das Holzgummi im erstickten Holze von Pilzfäden sehr leicht zersetzt.

Zur Charakterisierung des Holzgummis sei noch erwähnt, daß dasselbe in den Parenchymzellen des gefällten und der Luft ausgesetzten
Buchenholzes, auch ohne Einwirkung der Pilze entstehen kann. In der
feuchten und abgeschlossenen Luft der Kulturgläser bildete sich aber im
nicht infizierten Holze[1]) auch nach Jahren kein Holzgummi.

Der falsche Kern hat oft einen unangenehmen, ranzigen, an den
penetranten Geruch der Butter- und Valeriansäure erinnernden Geruch.
Dieser entsteht wahrscheinlich infolge der Zersetzung der Fettstoffe des
Buchenholzes.

Bezüglich der Stoffe des falschen Kernes und andererseits der Ansprüche der Pilze ist erwähnenswert, daß trotzdem das Holz des falschen
Kernes gegen Pilze, welche die Fäulnis des normalen Buchenholzes verursachen, widerstandsfähig ist, an demselben Penicillium und Aspergillus-
Arten und Graphium tenuissimum Cda. leicht gedeihen. Diese verursachen
aber keine tiefer dringende Fäulnis, und indem der falsche Kern den vorerwähnten Pilzen widersteht, bietet er für technische Zwecke ein viel dauerhafteres Material, als der Splint. Dieses ist auch aus Taf. III, Fig. 12 zu
ersehen, welche den Querschnitt einer Eisenbahnschwelle darstellt, an
welcher der Splint beiderseits schon sehr angegriffen ist, der falsche Kern
dagegen den Pilzen auffallend widerstand. Diese Eisenbahnschwelle war
mit Zinkchlorid imprägniert, konnte aber infolge nicht entsprechender Konservierung nur drei Jahre benützt werden.

Der falsche Kern ist bald einfärbig rotbraun mit dunklerem Saume,
bald aber gezont, wobei hellere und dunklere Teile abwechseln (Taf. I, Fig. 2).
Die dunkleren Partien enthalten mehr Holzgummi und ihre Gefäße sind
von Thyllen mehr ausgefüllt, als die der helleren Teile. Dies fällt schon
makroskopisch durch den Farbenton auf und ist auch unter dem Mikroskope zu beobachten. Am auffälligsten zeigte sich aber der anatomische
Unterschied dieser Teile bei meinen, mit Eosinwasser an kleineren Holz-

---

[1]) S. den Abschnitt: Zersetzung des gefällten Holzes.

prismen ausgeführten Imprägnierungsversuchen[1]). Während nämlich die dunkleren Zonen des falschen Kernes bei Anwendung des Injektions-Verfahrens keine Imprägnierungsflüssigkeit in sich aufnahmen, waren die inneren, lichteren Teile vollkommen imprägnierbar.

Folglich sind auch die lichteren Zonen größerer Kernstücke imprägnierbar, insofern sie von den dunkleren Zonen nicht ganz umschlossen sind. Die lichteren Zonen ziehen sich gewöhnlich der Länge des Holzes nach ziemlich weit hin, ohne von dunkleren Zonen in horizontaler Richtung abgeschlossen zu werden. In Eisenbahnschwellen sollten demnach die lichteren Zonen meistens vollständig imprägniert werden können.

Fig. 3 auf Taf. I zeigt das Bild eines Würfels, welcher aus dem Inneren eines auf die beschriebene Weise mit Eosinwasser imprägnierten Kernstückes geschnitten ist. Die rote Farbe bezeichnet die eingedrungene Imprägnierungsflüssigkeit.

Diese Methode, welche ich bei den Versuchen über die Imprägnierbarkeit des Buchenholzes anwendete, erwies sich hiermit auch zur anatomischen Untersuchung solcher pathogener Gewebe als geeignet.

Die auf die beschriebene Weise imprägnierten Kernstücke wiesen darauf hin, daß der falsche Kern verschieden gebaut sein kann. In manchen Fällen bildete im Querschnitte der mit Holzgummi und Thyllen stärker ausgefüllte, nicht imprägnierbare Teil nur einen schmalen Saum an der Grenze zwischen Kern und Splint; an anderen Stücken wiederholten sich im Inneren des Kernes mehrere solche Zonen, und es fanden sich auch solche Stücke vor, bei welchen der nicht imprägnierbare Teil eine beträchtliche Breite einnahm, oder es war der ganze Kern unimprägnierbar.

Diese mannigfaltigen Erscheinungsformen des falschen Kernes lassen sich offenbar mit den Ernährungsverhältnissen, der Widerstandsfähigkeit etc. des betreffenden Stammes erklären und weisen darauf hin, daß der falsche Kern der Buche, im Gegensatze zu dem, seiner ganzen Ausdehnung nach gleichartig gestalteten normalen Kerne anderer Hölzer, ein ungleichmäßiges, krankhaftes Gewebe ist.

Der falsche Kern ist dadurch, daß seine Gefäße mit Thyllen verstopft sind, ein zur Wasserleitung ganz unbrauchbar gewordener Teil des Stammes. Die parenchymatischen Zellen scheinen aber im falschen Kerne wenigstens teilweise lebendig und funktionsfähig zu bleiben. Es können nämlich die inneren Teile des falschen Kernes gänzlich abgestorben sein, es ist aber oft auch wahrzunehmen, daß in den äußeren Teilen die Umwandlung und Wanderung der Stoffe nicht aufhört. Davon überzeugte

---

[1]) Über diese Versuche ist näheres im Abschnitte über die Konservierung enthalten p. 69.

ich mich an Stämmen, deren falscher Kern auf der frischen Schnittfläche alsbald eine dunkelbraune Farbe annahm.

Die Bräunung der frischen Schnittfläche des Buchenholzes wird auf verschiedene Weise erklärt, und wird meistens für eine Folge des oxydierenden Einflusses der Luft gehalten[1]. Wenn wir aber solch eine Falschkernoberfläche mikroskopisch untersuchen, so finden wir, daß wir es hier nicht lediglich mit einer Oxydation, sondern wesentlich mit gesteigerter Sekretausscheidung, d. h. Holzgummibildung zu tun haben, welche mittelbar zwar mit dem Einflusse der Luft in Verbindung stehen kann, unmittelbar aber die Folge der Lebenstätigkeit der sich schützenden Gewebe zu sein scheint.

Der Splint wird an den frischen Schnittflächen, besonders in der Umgebung des falschen Kernes, ebenfalls rötlich. Dies wird auch durch Holzgummi verursacht, welches sich in den durchschnittenen Zellen und insbesondere in den in die Nähe der Schnittfläche fallenden Parenchymzellen einstellt.

Außerdem bräunen sich die Zellwände und der Zellinhalt auch unter dem oxydierenden Einfluß der Luft. Dies konnte ich an Splintstücken beobachten, welche ich in frischem Zustande in luftdicht verschlossene Pulvergläser legte und so aufbewahrte. Dieselben behielten ihre weiße Farbe Jahre hindurch, sobald ich aber die Holzstücke aus den Gläsern an die Luft setzte, röteten sie sich sofort, was sich jedoch unter dem Mikroskope an den Zellen als eine gleichmäßige, ohne Holzgummibildung vor sich gehende Farbenveränderung erkennen ließ. Die zuvor beschriebene Bräunung wurde dagegen hauptsächlich von dem im Inneren der Parenchymzellen, in Form von kleinen Tropfen und Belegen auftretenden Holzgummi verursacht.

Da ich die unmittelbare Ursache der Entstehung des falschen Kernes, auf Grund der vorher erwähnten Beobachtungen, in der Wirkung der sich im Kerne und besonders in der Umgebung der Markröhre befindlichen Pilzfäden suchen mußte, legte ich von 42 der untersuchten falschkernigen Stämme je ein Kernstück, und zum Vergleiche je ein Stück von dem benachbarten Splintholze in Kulturgläser. Zu diesem Zwecke benützte ich ebensolche Pulvergläser, wie zu den Untersuchungen über das Ersticken des Holzes (s. Seite 33). Um jede fremde Infektion womöglich zu vermeiden, geschah das Ausschneiden und Einlegen der Stücke sehr rasch und unter dem Schutze eines sterilen Papieres, in welches sie eingewickelt wurden. Dieses Verfahren schützt, da es doch an freier Luft geschieht, vor Infektion allerdings nicht vollkommen. Eine sicher sterile Behandlung der Stücke konnte aber in diesem Falle nicht angewendet werden, da die Erhitzung oder die Anwendung von antiseptischen Mitteln

---

[1] In dieser Richtung äußerte sich auch R. Hartig. Das Holz der Rotbuche. p. 38.

das Hervorwachsen der im Kerne befindlichen Pilzfäden beeinflußt hätte. Fremde Infektionen waren trotz der erwähnten, nicht ganz sicheren Methode ziemlich selten und erfolgten nur durch Penicillium, Aspergillus und Graphium-Arten, welche man von den ursächlichen Pilzfäden des falschen Kernes leicht unterscheiden konnte.

An diesen Kernstücken erschien gewöhnlich ein sich in den meisten Fällen nicht weiter entwickelndes, und manchmal nur mit der Lupe wahrnehmbares Mycel.

Unter dem Mikroskope kann man im Holze das nur in geringer Anzahl und zerstreut vorkommende Mycel nicht leicht auffinden, und die feinen Fäden bleiben auch leicht unbemerkt. Gleich Herrmann fand aber auch ich in mehreren Fällen im Gewebe des falschen Kernes ein Mycel, besonders in den inneren, aber auch in den äußeren Teilen.

Bezüglich der Arten der hier mitwirkenden Pilze bewiesen meine Kulturversuche und Untersuchungen, daß wir es hier mit mehreren Pilzarten zu tun haben.

Wie erwähnt, entwickelte sich das aus dem falschen Kerne gewachsene Mycel meistens nicht weiter; Fruchtkörper erschienen an den betreffenden Stücken auch nach Jahren nicht, und die mikroskopisch beobachteten Fäden selbst boten keine, oder nur ausnahmsweise diagnostisch verwendbare Merkmale.

Aus diesen Gründen konnte ich die Art der hier wirkenden Pilze nicht bei jedem Stücke feststellen. In einzelnen Fällen gelang es mir aber den Pilz auch weiter zu züchten; ferner fand ich in zwei Fällen im Kerne ein charakteristisches Mycel, und außerdem beobachtete ich alle sich am Buchenholze mit Vorliebe ansiedelnden und auch die an Faulästen vorkommenden Pilze. Auf Grund dieser Beobachtungen versuche ich nun jene Gruppe der Pilze zu bezeichnen, welche als Erreger des falschen Kernes in Betracht kommen können.

Auf einem Kernstücke entwickelten sich im Kulturglase 5—6 mm hohe, 0,5—0,75 mm dicke, einfache, oder korallenförmig verzweigte, schwärzlich rotbraune Fruchtkörper, welche an die Calocera-Arten erinnerten, sich jedoch nur verkümmert entwickelten, keine Sporen enthielten und daher nicht bestimmt werden konnten.

Aus einem anderen Kernstücke wuchs ein weißes, den Mycelplatten der Stereum-Arten ähnliches Mycel hervor.

Aus drei weiteren Stücken wuchs ein üppiges, weißes, stellenweise gallertartiges Mycel hervor, und zwar ein ebensolches, wie es weiter unten[1]) von dem an Buchenholz künstlich erzogenen Tremella faginea Britz. beschrieben ist; sonach können wir diesen Pilz bestimmt zu den Erregern des falschen Kernes rechnen.

---

[1]) Seite 41.

Auf einem vierten Stücke wuchsen im Verlaufe von zwei Jahren eine gelblich-weiße 5—7 mm dicke Mycelplatte und hier und da kleinere halbkugelförmige Mycelhaufen. An denselben entwickelte sich mit der Zeit ein bräunlicher, hautartiger Überzug von pseudoparenchymatischer Struktur. An diesen Gebilden konnte ich keine charakteristischen Merkmale entdecken; Sporen entwickelten sie ebenfalls nicht, und ihre Bestimmung war daher unmöglich.

Endlich fand ich an zwei Kernstücken die auf Taf. III, Fig. 13 abgebildeten Gemmen, welche dem von Willkomm[1]) irrtümlich als Xenodochus ligniperda beschriebenen Pilze ganz ähnlich zu sein schienen und auf welche wir bei der Beschreibung der Rotfäule noch zurückkommen werden. Es sei jedoch bemerkt, daß ich in den Kernstücken nur die Gemmen fand, die in Fig. 13 abgebildeten braunen Pilzfäden aber nicht. Die braungefärbten Gemmen, welche hie und da als durch Querwände in kurze Glieder abgeteilte dicke Fadenstücke und keulenförmige Gebilde auftraten, befanden sich im Inneren der Zellen; das Mycel selbst aber, mit welchem sie in Verbindung standen, war farblos und dünn.

Auf Grund der beschriebenen Kulturversuche und der im Freien gemachten Beobachtungen, bin ich also zu der Überzeugung gekommen, daß wir besonders jene Pilze als Erreger des falschen Kernes zu betrachten haben, welche sich mit Vorliebe am Buchenholze ansiedeln und mit ihren Fäden tief in das Holz eindringen können. Diese sind: in erster Linie Stereum purpureum Pers. und Hypoxylon coccineum Bull., ferner der schon oben erwähnte Tremella faginea Britz. und außer diesen Bispora monilioides Corda und Schizophyllum commune Fr. Diese Pilzarten verursachen laut den weiteren Ausführungen oft als Saprofiten die Zersetzung des gefällten Buchenholzes. Außer diesen müssen wir vielleicht auch noch Stereum hirsutum (Willd.) hierher rechnen, welchen Pilz ich an Wundstellen und faulenden Teilen stehender Bäume und an abgebrochenen Ästen sehr oft vorfand. Nach den Ergebnissen obiger Kulturversuche kommen endlich im falschen Kerne außer den erwähnten auch noch andere Pilze vor, welche ich wegen der schon erwähnten mangelhaften Entwickelung nicht näher bestimmen konnte.

Ob der die Zersetzung des Holzes stehender Buchen so oft verursachende Polyporus fomentarius (L.) die Entstehung eines nicht faulen falschen Kernes verursachen könnte, habe ich nicht beobachtet und glaube, daß dieser energisch wirkende Parasit der Buche nur die direkte Zersetzung, nicht aber die Verkernung des Stammes bewirkt. Als solche können wahrscheinlich nur die oben erwähnten Pilze, welche einen mehr oder weniger saprofitischen Charakter besitzen, in Betracht kommen.

---

[1]) Die mikroskopischen Feinde des Waldes. 1866, p. 67.

Der falsche Kern ist, trotzdem er einen von Natur aus ziemlich gut konservierten Teil des Stammes bildet, welcher ein zu technischen Zwecken dauerhafteres Material bietet als der Splint, ein schädliches Gebilde. Schädlich darum, weil derselbe den Holzkörper ungleichmäßig macht, ja wie wir oben sahen, ist er selbst von ungleichmäßiger Struktur, läßt sich durch Imprägnierung nicht so gut konservieren, wie der Splint, und schließlich ist es ein wesentlicher Nachteil desselben, daß die Pilze mit der Zeit um den organischen Mittelpunkt auch eine immer weiterschreitende Fäulnis verursachen können.

Demzufolge möchte ich mich noch mit der Frage befassen, auf welche Weise man sich gegen die Entstehung des falschen Kernes schützen könnte, und welche Umstände darauf einen fördernden oder hindernden Einfluß üben können?

Nach dem vorher Gesagten können nur solche tief einwirkende Wunden zur Kernbildung führen, welche den Pilzfäden in die innersten, zur Kernbildung geeigneten Teile des Stammes Eintritt gewähren. Wenn also auch tiefer wirkende Verletzungen, z. B. große Brandwunden zur Kernbildung führen können, so sind es dennoch hauptsächlich die Fauläste, durch welche die Pilzfäden zum organischen Zentrum gelangen können. Zufolge dessen müßte einesteils darauf geachtet werden, daß eine tiefer einwirkende Verwundung der Stämme vermieden werde, anderseits aber hauptsächlich darauf, daß die absterbenden Äste noch rechtzeitig, d. h. solange ihre Basis noch pilzfrei ist, abgeschnitten werden, und die Schnittfläche derselben, um die Infektion zu verhindern, mit einem antiseptischen und isolierenden Mittel, z. B. mit Steinkohlenteer bestrichen werden. Das Abschneiden der Äste müßte im Winter geschehen, da um diese Zeit die Möglichkeit einer Infektion die geringste ist.

Diese Maßregel ist aber so umständlich und kostspielig, daß an ihre Anwendung in unseren Forsten nicht zu denken ist.

Eine andere, indirekte Schutzmethode müssen wir in entsprechenden waldbaulichen Maßregeln suchen. Diesbezüglich gewann ich bei meinen Untersuchungen die Überzeugung, daß der falsche Kern in den sehr alten Stämmen der Urwälder Ungarns besonders häufig ist, und daß ihn hier die große Anzahl der durch natürliche Prozesse und durch rücksichtsloses Pläntern entstandenen Fauläste verursachen. Dagegen ist die Anzahl der falschkernigen Stämme in regelrecht bewirtschafteten Buchenwaldungen eine geringere, und kann bei dem gewöhnlichen, 80—120 jährigen Umtriebe der falsche Kern überhaupt keine so große Entwickelung erreichen, wie in den mehrhundertjährigen Stämmen der Urwälder. Demzufolge ist es zweifellos, daß nach dem Abtriebe unserer Urwälder, wenn an deren Stelle regelrecht bewirtschaftete, jüngere Bestände treten, die Frage des falschen Kernes keinesfalls von solch großer Bedeutung sein wird, wie es jetzt z. B. in den kgl. ungar. Staatswaldungen der nordöstlichen Karpathen

der Fall ist. Daß jedoch auch bei regelrechter Bewirtschaftung ein falscher
Kern entstehen kann, hat sich in den fachgemäß behandelten Forsten der
westlichen Staaten, sowie auch Ungarns erwiesen. Dies ist auch ganz
natürlich, da doch durch die fachgemäße Erziehung der Bestände dahin
gestrebt wird: schöne, gut geformte Stämme zu erzielen, was wiederum
mit dem immerwährenden Drängen der Krone nach oben, und zugleich
mit dem Absterben der unteren Äste verknüpft ist. Durch diesen letzteren
Umstand ist die Möglichkeit der Entstehung eines falschen Kernes immer-
hin gegeben.

Aus diesen Ursachen wird man mit dem falschen Kerne, bezw. mit
den bisher besprochenen, sowie im weiteren noch zu erwähnenden Eigenschaften desselben auch bei regelrechter Bestandeserziehung immer zu
rechnen haben.

Die Zersetzung des gefällten Holzes.

Über die Zersetzung des Buchenholzes liegen uns meines Wissens
in der Literatur keine näheren Angaben vor.

Die Zersetzungserscheinungen des gefällten Buchenholzes sind in
zwei Gruppen zu teilen: in die eine gehören jene Erscheinungen, welche
bei der Zersetzung des frischgefällten, noch „lebenden“ Holzes, in
die andere dagegen jene, welche bei der Zersetzung des ausgetrockneten,
abgestorbenen Holzes zu beobachten sind. Im Folgenden befasse ich mich
zuerst mit den Zersetzungserscheinungen des lebenden Holzes.

Es ist allgemein bekannt, daß das gefällte Buchenholz den atmosphärischen Einflüssen und besonders der Feuchtigkeit ausgesetzt, in
kürzester Zeit in seiner ganzen Masse einer auffallenden Veränderung
unterworfen ist, indem das Innere des Holzes, anfänglich in einzelnen
Streifen, später in seiner ganzen Ausdehnung rötlich violett-braun wird.
Nachher wird das braune Holz alsbald von weißen, sich ebenfalls verbreitenden Streifen durchzogen (Taf. I, Fig. 4), bis es schließlich gänzlich
weißfaul wird und gleichzeitig in demselben schwarze Zeichnungen auftreten, welche im Schnitte Linien, im Raume Schichten vorstellen, und
Holzpartien von unregelmäßiger Form einschließen (Taf. II, Fig. 11).

Im allgemeinen wird von Praktikern die erste, rasche Verfärbung
des Buchenholzes, das „Ersticken“ (auch Stocken) genannt und auf die
verschiedenste Weise erklärt. Manche [1]) führen das Ersticken auf im Stoffe

---

[1]) Nachdem die diesbezüglichen Äußerungen in der Literatur nicht auf exakten
Untersuchungen beruhen, halte ich nähere Zitate für unnötig.

des Holzes zu suchende, innere Ursachen zurück und betrachten dasselbe als eine, besonders im Safte des Holzes von sich selbst, d. h. ohne Mitwirkung fremder Organismen vor sich gehende chemische Umwandlung.

Wenn wir solch braunes, ersticktes Holz unter dem Mikroskope untersuchen, so finden wir als Ursache der Bräunung, daß in den parenchymatischen Zellen des Holzes ein brauner Stoff ausgeschieden wurde, welcher in diesen Zellen in Form von Tropfen, Körnern und Wandbelegen erscheint (Taf. II, Fig. 7). An dickeren Schnitten ist auch ersichtlich, daß dieser Stoff in geringerem Maße die Wandungen sämtlicher Organe färbt. Auf Grund der Reaktionen ist dieser Stoff, gleich jenem im falschen Kerne, ebenfalls als „Holzgummi“ zu bezeichnen. Dasselbe entsteht im erstickenden Holze in den nach der Fällung noch lange am Leben bleibenden Parenchymzellen, aus den daselbst befindlichen Nährstoffen. Außerdem weisen alle Zeichen darauf hin, daß die Bräunung des erstickten Holzes teilweise auch durch Zersetzung hervorgerufen wird.

In den Gefäßen des erstickenden Buchenholzes entstehen auch Thyllen, wie im falschen Kerne, jedoch, besonders im entrindeten Holze, in viel geringerer Anzahl. Dies weist auch darauf hin, daß bei der durch das Ersticken hervorgerufenen Veränderung des Holzes das lebende Parenchym auch tätig ist. Eben dieser Umstand ist es, welcher das Ersticken von der Zersetzung schon völlig abgestorbenen Holzes wesentlich unterscheidet.

Die Entstehung des Holzgummis sowie der Thyllen geht im berindeten Holze viel energischer vor sich als im entrindeten. Dies bewiesen die mikroskopischen Untersuchungen, aber sehr auffällig auch meine im weiteren zu besprechenden Imprägnierungsversuche. Das im aufgearbeiteten Zustande erstickte Holz war nämlich durch Injektion in allen Teilen ganz gut imprägnierbar, dagegen nahm das in der Rinde erstickte Holz keine Flüssigkeit auf. Als Ursache müssen wir den Umstand betrachten, daß in dem in der Rinde erstickten Holze das Parenchym auch nach der Fällung des Stammes durch die in den äußeren Jahresringen und im Baste befindlichen Nährstoffe noch ernährt wird, und daher zum Verschluß der Tüpfel und der Gefäße, d. h. zur Bildung des Holzgummis und der Thyllen, über mehr Stoffe verfügt, als das Parenchym des entrindeten und verarbeiteten Holzes, welches zu diesem Zwecke nur die in sich selbst enthaltenen Nährstoffe verbrauchen kann, und im bearbeiteten und rascher trocknenden Holze überhaupt nicht so ungestört zu funktionieren vermag, wie im berindeten Holze.

Außerdem findet man unter dem Mikroskope im Gewebe des erstickten Holzes hier und da vereinzelt, oder stellenweise auch in größerer Anzahl Pilzfäden, welche unter der Kulturglocke, oder auch in gewöhnlichen Pulvergläsern aus dem Holze in 1—2 Tagen hervorwachsen, und anfänglich mit der Lupe, später aber auch mit freiem Auge leicht wahrnehmbar sind.

Solange im erstickten Holze die erwähnten und auf Fig. 4 (Taf. I) abgebildeten weißen Streifen nicht erscheinen, d. h. solange das Holzgummi und mit diesem die braune Farbe nicht verschwindet, ist an den Zellwandungen eine bedeutendere Zersetzung weder makroskopisch, noch mikroskopisch zu beobachten. Die im Holze auftretenden weißen Streifen sind aber schon mit freiem Auge als Zersetzungserscheinungen zu erkennen; und unter dem Mikroskope sieht man, daß die tertiären und sekundären Lamellen der Zellwände angegriffen sind. In diesen entstehen nämlich anfänglich kleinere, später sich vergrößernde Ausbuchtungen und zuge-

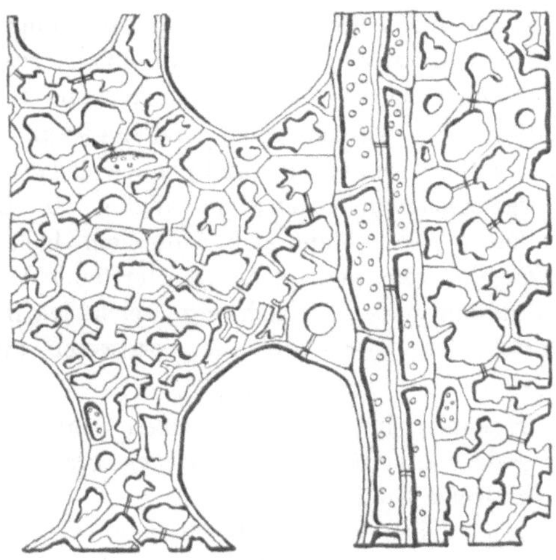

Fig. 11.

Querschnitt durch weißfaules Buchenholz.

spitzte Lücken (Fig. 11), was zur unregelmäßigen Erweiterung der Lumina der dickwandigen Libriformzellen und zuletzt zum Zerfalle der Zellwandungen führt.

Beim Entstehen der weißen Partien, oder auch schon früher, zeigen sich im braunen Holze die erwähnten schwarzen Zeichnungen.

Um in die einzelnen Erscheinungen des Erstickens und in die Eigenschaften der mitwirkenden Pilze Einblick zu gewinnen, habe ich die Methode der künstlichen Infektion angewendet. — Hierzu gebrauchte ich 16 cm hohe und 7 cm breite, weithalsige Pulvergläser. In die mit Alkohol und nachher mit destilliertem Wasser gereinigten Gläser legte ich die aus dem Inneren frischgefällten Holzes geschnittenen Stücke, und infizierte dieselben mit den in einigen Tropfen Wasser verteilten Sporen, oder auch mit dem Mycel des betreffenden Pilzes. Dann wurden die Gläser mit eingefetteten Glaspfropfen verschlossen und mit Pergament verbunden.

In diesen luftdicht verschlossenen Gläsern behielten die frischgeschnittenen feuchten Holzstücke den zum Gedeihen der Pilze notwendigen Wassergehalt unverändert bei, musste daher für die Luftfeuchtigkeit in den Gläsern in anderer Weise nicht gesorgt werden.

Zum Vergleiche legte ich in ebensolche Gläser und aus demselben Holze auch je ein uninfiziertes Stück, und wiederholte sicherheitshalber die Versuche mehrmals.

Die beschriebene Methode ist, was die Sterilität anbelangt, nicht ganz einwandfrei, wie dies auf Seite 27 auch näher beschrieben ist. — Trotzdem waren diese Infektionsversuche mit frischem Holze ganz gut brauchbar, d. h. die nicht infizierten Stücke sind Jahre hindurch rein geblieben, während die infizierten auf die Infektion, wenn auch nicht in jedem einzelnen Falle, aber größtenteils entsprechend reagierten.

Das Material zu den anatomischen und anderen Untersuchungen boten einesteils die vorher erwähnten Infektionsversuche, anderseits aber sammelte ich an verschiedenen Orten, im Walde, in Brennholz- und Eisenbahnschwellendepots usw. Material. Außerdem hielt ich 60 Stück speziell zu diesem Zwecke vom kgl. ungar. Oberforstamte Ungvár bezogene Eisenbahnschwellen ständig unter Beobachtung, welche ich in Selmeczbánya im botanischen Garten der Hochschule für Forstwesen gruppenweise an folgenden Orten verteilte:

1. in einem trockenen, im Winter geheizten Saale;
2. an einem gedeckten, aber seitlich offenen Platze im Freien;
3. an sonniger, freier Stelle;
4. an einem von Eichen teilweise beschatteten Orte;
5. unter Nadelholzbäumen in vollständigem Schatten;
6. auf dem Boden eines feuchten, geheizten Treibhauses.

Bei den Untersuchungen nahm ich, soweit mir das tunlich war, die klimatisch verschiedensten Gegenden Ungarns in Betracht, und gelegentlich einer Studienreise machte ich betreffs der Zersetzung des Buchenholzes auch in Deutschland, Belgien und besonders in Frankreich Beobachtungen.

Bezüglich der Ursachen des Erstickens fand ich bei den erwähnten Infektionsversuchen, daß dies im Holze ohne Zutritt fremder Organismen nie eintreten kann. Die vor zwei bis drei Jahren in sterilisierte Pulvergläser in frischem Zustande eingeschlossenen Holzstücke sind auch heute noch unverändert, während jene, welche ich mit den weiterhin beschriebenen Pilzen infizierte, die Erscheinungen des Erstickens aufwiesen.

Das Ersticken, sowie die darauf folgende Zersetzung verursachen demnach ausschließlich jene Pilze, deren Fäden wir im erstickten Holze vorfinden, und deren Fruchtkörper am Buchenholze, welches im Walde, in Holzlagern oder wo immer im Freien längere Zeit liegt, auf Schritt und Tritt anzutreffen sind.

Auf den Angriff dieser Pilze reagieren die lebenden Parenchymzellen des frischgefällten Holzes durch Bildung von Holzgummi und Thyllen, und dies verursacht die erste, rasche Farbenveränderung, die Bräunung. Die darauffolgende Weißfäule ist ausschließlich die Folge der zersetzenden Wirkung der Pilzfäden und somit die eigentliche Zerstörung des Holzes.

Die Gummi- und Thyllenbildung ist im erstickten Holze je nach den Holzstücken und Umständen sehr verschieden. So war z. B. die Bildung der Thyllen bei den in Kulturgläsern künstlich infizierten Holzstücken gewöhnlich eine viel kräftigere, als bei solchen, welche im Freien erstickten.

In den nicht infizierten und ebenfalls in Kulturgläsern aufbewahrten Vergleichsstücken entstanden keine Thyllen, und so ist es zweifellos, daß die Parenchymzellen des Holzes ausschließlich durch die Einwirkung der Pilzfäden zur Thyllen-Bildung angeregt werden, welche in dem von Pilzen angegriffenen Teile mehr oder weniger einheitlich vor sich geht und offenbar durch die Wirkung der von den Pilzfäden herrührenden und sich in den Holzzellen verbreitenden Fermenten hervorgerufen wird.

Nachfolgend beschreibe ich nun die einzelnen, das Ersticken und die Zersetzung des Buchenholzes verursachenden Pilzarten.

Stereum purpureum Pers.

verursacht nach meinen Untersuchungen, welche ich sowohl an auf natürlichem Wege ersticktem, wie auch an künstlich infiziertem Holze angestellt habe, sehr oft das Ersticken und die weitere Zersetzung des Buchenholzes.

Da die Angaben über diesen Pilz in der Literatur nicht zutreffend sind, muß ich mich hier auch mit dessen systematischer Beschreibung näher befassen.

Saccardo[1]) zählt drei nahe verwandte ·Arten, beziehungsweise Varietäten auf. Die Art purpureum Pers. beschreibt er als eine solche, deren Hymenium purpurfarbig ist und die an Laubhölzern vorkommt. St. lilacinum Pers. nennt er als einen Pilz, welcher an Pinus und Abies-Stöcken vorkommt, kleiner als der vorige ist, und ein violettes Hymenium besitzt. Im übrigen stimmt er mit dem vorigen überein und ist vielleicht eine Subspezies desselben. Endlich schließt er an letzteren als Varietät violaceum Thüm. an, dessen Hymenium eine beim Austrocknen fahl werdende violette Farbe besitzt und an Eichenstöcken vorkommt.

---

1) Syll. fung. VI. p. 563.

Das von Leunis (Frank)[1] und Winter[2] beschriebene purpureum stimmt mit derselben Art Saccardos überein, sowie auch das in Rabenhorsts Sammlung[3] befindliche Exemplar.

Hingegen besitzt purpureum nach Schröter[4] ein anfänglich violettes, nachher braun werdendes Hymenium. Er bezeichnet die Sporen als $6 - 7 \times 2 \cdot 5 \, \mu$, die vorerwähnten dagegen als $7 - 8 \times 3 - 4 \, \mu$ groß. Die Form lilacinum zählt Schröter zu purpureum, als eine an Abies-Stöcken vorkommende violette Varietät.

St. purpureum Pers. fand ich am faulenden Holze verschiedener Laubbäume und beobachtete, daß das jugendliche Hymenium violett ist, später purpurfarbig, fast schwarz oder bräunlich wird, aber auch verblassen kann.

Ich fand diesen Pilz am faulenden Aste einer Populus nigra in solcher Weise auftretend, daß an demselben die Fruchtkörper von weißlich-violetter bis zur Purpurfarbe in allen Tönen vorkamen. Außer diesen sah ich im Herbste am lebenden Stamme einer Carpinus Betulus violette Fruchtkörper, woselbst die dazwischen stehenden vorjährigen Fruchtkörper schwärzlich purpurrot waren. Die jüngeren Fruchtkörper waren im Dezember ebenfalls schon dunkel gefärbt. Folglich sind die erwähnten Farbenunterschiede für die Trennung von violaceum und lilacinum nicht entscheidend.

Die violetten Formen wären also von dem typischen purpureum nur noch insofern verschieden, daß lilacinum am Nadelholze und violaceum am Eichenholze vorkommt, und lilacinum kleiner ist. Letzteres Merkmal jedoch, nachdem es nunmehr entscheidend ist, würde eine genauere Beschreibung beanspruchen, denn auch purpureum kann von verschiedener Größe sein, wodurch der von Persoon und Saccardo gebrauchte Ausdruck „kleiner" (minus) diagnostisch wertlos ist.

Was die Verschiedenheit des Substrates anbelangt, so berechtigt diese zur Trennung morphologisch identischer Arten und Varietäten nicht; es ist daher die Trennung der Formen violaceum und lilacinum überhaupt nicht begründet.

Daß übrigens auch violaceum und purpureum zu vereinigen sind, wird dadurch bekräftigt, daß ich an Quercus Cerris ein violettes Stereum fand, welches sowohl nach den von der Färbung oben erwähnten, als auch allen übrigen Merkmalen nach zu purpureum gehört.

An Abies und Pinus fand ich keine entwickelten, violetten Fruchtkörper, sondern nur eine jugendliche, resupinate Form. Diese konnte ich nicht ganz sicher bestimmen; ich glaube jedoch, daß mit den erwähnten

---

[1] Synopsis. II. p. 525.
[2] Rabh., Kryptogamenflora. I. 1. p. 345.
[3] Herb. mycol. 504.
[4] Kryptogamenfl. v. Schlesien. III. 1. p. 427.

Diagnosen lilacinum neben purpureum ebenfalls nicht bestehen kann und nur die Determination erschwert.

Hiemit können wir die Beschreibung der Art Stereum purpureum Pers. in Folgendem zusammenfassen (Taf. I, Fig. 5).

Fruchtkörper lederartig, unterer Teil ausgebreitet, oberer rechtwinkelig oder meistens schief nach unten umgebogen. Größe verschieden, 1—3 cm breit, oft auch größer oder kleiner. Gewöhnlich dachziegelförmig, am Rande wellig-kraus, eingebogen. Die Entstehung der Fruchtkörper beginnt mit der Bildung einer weißlichen oder violetten, kleinen, rundlichen Mycelplatte, aus welcher sich der Hut, oder eine resupinate Kruste entwickelt, welch' letztere einen dünnen, manchmal durch Sprünge durchzogenen Überzug bildet. Derselbe ist, besonders wenn er feucht geworden, vom Holze leicht zu trennen, weich und lederartig. — Solche krustenförmige Fruchtkörper findet man sehr häufig an Brennholzstößen, und ich fand dieselben auch an den Seiten der in kurzer Zeit verfaulten buchenen Pflasterstöckel der Franz Josefs-Brücke in Budapest.

Der Hut ist oben filzig, blaß-gelblich oder grau, in der Jugend weißlich, violett getönt. Hymenium glatt, anfänglich in frischem Zustande lebhaft violett, mit der Zeit purpurfarbig, fast schwarz oder rotbraun werdend, oder beim Austrocknen verblassend. Die verschiedene Färbung des Hymeniums scheint mit dem Substrate im Zusammenhange zu stehen. Am Buchenholze fand ich immer hellere, nur selten etwas dunkler violette Fruchtkörper, welche später entweder verblaßten oder braun wurden. Eben solche fand ich am Holze von Quercus Cerris, Acer Pseudoplatanus und Acer negundo. Dunkle, purpurfarbige fand ich an der Rinde von Carpinus Betulus, Populus nigra und Salix; im Jugendzustande waren sie aber auch an diesen violett.

Die Sporen sind einzellig (Fig. 12), länglich zylindrisch, eiförmig oder schief zugespitzt, farblos, 5—7 μ lang, 2,5—4 μ breit.

Das Mycel ist farblos, von verschiedener Dicke. Im angegriffenen Holze sind die Fäden unter den Fruchtkörpern 2—4 μ dick. Die in das Innere des Holzes eindringenden Fäden (Taf. II, Fig. 7) sind ebenfalls verschieden, meistens aber feiner als die vorigen. Unter diesen maß ich auch solche von 0,4 μ.

Fig. 12.

St. purpureum siedelt sich gleich am frischgeschlagenen Buchenholze an; seine Fäden durchdringen das Holz in seiner ganzen Länge ziemlich rasch und rufen anfangs dessen Erstickung, später Weißfäule hervor. Der Verlauf des Zersetzungsprozesses ist je nach den Umständen sehr verschieden; gewöhnlich erstickt das im Walde oder anderswo im Freien lagernde berindete Holz in 3—4 Monaten vollkommen. Das Innere von bearbeiteten Holzstücken, z. B. Eisenbahnschwellen fand ich 5—6 Monate nach der Winterfällung ganz gebräunt, die weißen, zersetzten Flecken folgten je nach den Umständen in 1—2 Monaten nach.

Hypoxylon coccineum Bull[1]).

An faulendem Buchenholze sind seine Fruchtkörper sehr häufig, und neben dem vorigen verursacht das Ersticken und die Zersetzung des Buchenholzes meistens dieser Pilz.

Seine Fruchtkörper (Taf. I, Fig. 6) sind kugelig, gewöhnlich von Erbsengröße, aber auch größer; sie wachsen oft gruppenweise und drängen sich, dicke Krusten bildend, aneinander. Die jungen Fruchtkörper sind grünlich, violett, grau oder gelblich und in solchem Zustande von dem konidienbildenden Hymenium überzogen, später werden sie ziegelrot oder rotbraun, im Inneren schwarz. Sie erscheinen gewöhnlich am Querschnitte des Holzes, später auch an den Seiten oder an der Rinde. Das bräunliche Mycel ist in der Nähe der Fruchtkörper 2—4 μ dick.

Das Mycel durchdringt das Holz rasch und tief, ebenso wie jenes des vorigen Pilzes. Zwischen dem im Innern des Holzes wachsenden Mycel beider Pilzarten fand ich keinen Unterschied, und ich konnte von Fall zu Fall die Art nur unter der Kulturglocke oder dadurch feststellen, daß ich das betreffende Holzstück an schattige und mäßig feuchte Orte legte, wo die Fruchtkörper besonders an frischen Schnittflächen alsbald hervortraten.

An den untersuchten erstickten Eisenbahnschwellen wuchsen, wo immer man dieselben durchschnitt, an der Schnittfläche immer konsequent die Fruchtkörper nur e i n e r der bisher beschriebenen zwei Pilzarten hervor.

Es liegt in der Natur der Sache, daß an demselben Holzstücke, besonders an größeren, beide Pilze auch zusammen auftreten können. An den von mir untersuchten Schwellen jedoch traten sie gewöhnlich abgesondert auf. An den frischen Schnittflächen erschienen nämlich entweder die Fruchtkörper des einen oder des anderen Pilzes, beide zusammen aber nicht. Ich konnte jedoch öfters beobachten, daß an dem schon früher von S t e r e u m   p u r p u r e u m angegriffenen Holze mit der Zeit auch H y p o x y l o n   c o c c i n e u m auftrat.

Bispora monilioides Corda[2]).

Die Sporen keimen am frischen Buchenholze leicht, und die Conidienketten bilden am Quer-, wie am Längsschnitte des Holzes schwarze

---

[1]) Sacc., Sylloge. I. p. 353. Rabh., Kryptogamenfl. I. 2. p. 865, 843. Tul. Sel. fung. carp. II. p. 34. Tab. IV.

[2]) Corda, Ic. fung. I. p. 9. Fres., Beitr. z. Myk. p. 57. Sacc., Sylloge. IV. p. 343. Leun., Synopsis. II. p. 449. Rabh., Kryptogamenfl. I. 3. p. 790.

Überzüge. Die in Kulturgläsern künstlich infizierten Holzstücke wurden
in der Zeit eines Monates von den Conidienketten ganz überzogen. Im
Freien beobachtete ich die schwarzen Flecken 4—5 Monate nach der Fäl-
lung des Holzes. Sein Auftreten fällt daher mit dem der beiden vorigen
Pilze zusammen und kommt mit diesen, oder auch allein sehr oft am
Buchenholze vor.

Die künstlich infizierten Holzstücke wurden von den Pilzfäden ganz
durchdrungen, wodurch das Holz erstickte.

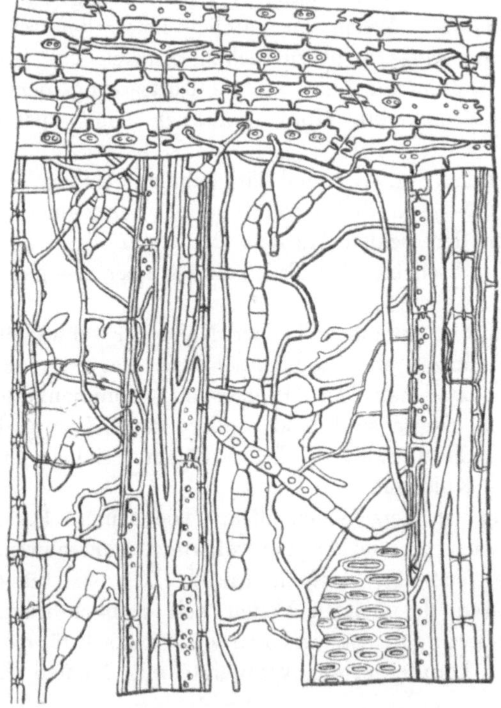

Fig. 13.

Die Fäden und Conidienketten von Bispora monilioides Corda., im Holze.

Im Freien dringen dieselben nicht so tief in das Innere der Holzstücke ein, wie jene des Stereum oder Hypoxylon. Während nämlich die
durch die letzteren angegriffenen Schwellen beim Erscheinen der Fruchtkörper, oder sogar schon vorher, in ihrem ganzen Inneren von deren
Fäden durchdrungen waren, untersuchte ich mehrere Schwellen, an deren
Querschnitte die schwarzen sammetartigen Flecken der Bispora schon erschienen waren, die Fäden derselben aber im Inneren des Holzes fehlten;

wenn ich darin auch Fäden gefunden habe, so stammten diese entweder von Stereum, oder von Hypoxylon her.

Die an den Fruchthyphen der B. monilioides entstehenden Conidienketten bilden am Holze, besonders an den Querschnitten, anfangs kleinere, später größere Flecken (Taf. II, Fig. 8). Diese sind schwarz, länglich oder zugespitzt elliptisch und strecken sich an den Querschnitten gewöhnlich in der Richtung der Markstrahlen aus. Infolge Zusammentreffen mehrerer solcher Flecken entsteht manchmal ein zusammenhängender Überzug.

Die schwarzen Conidienhaufen bezeichnen zugleich die Verbreitung des Mycels im Holze. Wenn wir nämlich hinter den schwarzen Flecken, nach dem Absägen eines nicht zu dicken Stückes, das Innere des Holzes untersuchen, so treffen wir hier auf die Fortsetzung der Flecken, welche anfangs, wie das erstickte Holz, bräunlich sind, später aber weißfaul werden.

Die Conidien (Fig. 13) sind länglich, an beiden Enden abgestutzt, 13—20 μ lang, 7—8 μ dick, von brauner, manchmal schwarzer Farbe. In den Zentren der beiden Hälften der zweizelligen Sporen ist je ein kreisförmiger, durchscheinender Teil, oft ist aber die ganze Spore gleichförmig braun.

Conidienketten entstehen in der Nähe der schwarzen Flecken auch im Inneren des Holzes, in den Gefäßen, wie dies Fig. 13 darstellt. Daselbst finden wir zwischen den Hyphen und Conidienketten verschiedene Übergangsformen. Diese sind bald septiert keulenförmig, bald aus kurzen Gliedern bestehende dunkle, verdickte Fäden. Solche entwickelten sich auch in Gelatine-Kulturen.

Das Mycel ist verschieden dick. Die feinen Fäden sind farblos und im Holze auch bei starker Vergrößerung sehr schwer wahrzunehmen, gerade so, wie jene der vorigen Pilze. In den künstlich infizierten Holzstücken waren die meisten Fäden hell gelblich-braun, 2—3 μ dick und ziemlich dickwandig; sie verliefen oft zickzack-förmig gewunden, an manchen Stellen korallenförmig verzweigt, mit kleinen Erhebungen und Verdickungen.

Die zu B. monilioides gehörige Apothecienform ist noch nicht genau bekannt. Auf Grund gemeinschaftlichen Vorkommens schloß sie Fuckel[1]) Bispora monilifera an.

Während meiner Untersuchungen fand auch ich oft die Apothecien der Bispora (Helotium)[2]) monilifera an den Conidienhaufen von B. monilioides, mit den Hyphen und Ketten innig verwachsen, so daß wir es hier

---

[1]) Symbol. mycol. p. 310. Tab. IV. 54.

[2]) In Rabh. (Rehm) Krypt.-Fl. (I. Bd. III. Abt. p. 790) ist diese Apothecienform zu Helotium gezogen.

in der Tat mit genetisch zusammengehörenden Arten, oder mit einem Parasiten zu tun haben.

Unter der Glasglocke züchtete ich die Conidienform Jahre hindurch, ohne daß daraus Apothecien hervorgewachsen wären. An einem im Freien faulenden Holzstücke fand ich nach zwei Jahren an den Conidienhaufen zahlreiche Apothecien, an einem im Gewächshause untergebrachten, nach 14 Monaten; in den Apothecien waren aber keine Sporen, und so konnte ich betreffs der Zusammengehörigkeit der zwei Formen keine Kulturversuche ausführen. Meine diesbezüglichen Untersuchungen sind übrigens noch nicht abgeschlossen.

Tremella faginea Britz [1]).

An faulendem Buchenholze finden wir die Fruchtkörper dieses Pilzes sehr häufig. Dieselben sind heller oder dunkler olivenfarbig oder schwarz, gallertartig (Taf. II, Fig. 9). Dieser Pilz erscheint am gefällten Buchenholze später als die vorherbeschriebenen Arten und zwar unter normalen Verhältnissen im zweiten oder dritten Jahre, an dem durch die vorherigen schon teilweise zersetzten Holze, das durch seine Fäden gänzlich durchzogen wird.

Die in Kulturgläsern künstlich infizierten frischen Splintstücke erstickten und es erschien nach 8 Monaten an denselben ein watteartiges, schneeweißes Mycel, welches in Form von Häufchen, dünnem Überzuge und von netzartig verzweigenden Strängen weiterwuchs, und sich auch außerhalb des Holzes, auf die Glaswandung verbreitete. In dem Mycelgeflecht entstanden auch gelbliche, gallertartige Partien.

Bei dem raschen Ersticken des frischgefällten Buchenholzes scheint dieser Pilz nicht beteiligt zu sein, jedoch wahrscheinlich nur deshalb, weil ihm die vorher erwähnten Pilze zuvorkommen und sein Auftreten demzufolge ein sekundäres ist. Trotzdem ist dieser Pilz ein gefährlicher Zerstörer des Buchenholzes, denn wie wir bei der Zersetzung des ausgetrockneten Holzes sehen werden, tritt er an solchem Holze auch als primärer Saprofit auf.

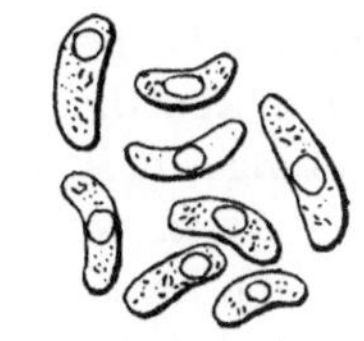

Fig. 14.

Bei nasser Witterung erscheinen an Ästen, Stöcken, alten Brennholzstößen usw. seine kleineren, größeren, bis 10 cm langen, 4—5 cm breiten Fruchtkörper in großer Menge. An den frischen, üppigen und glänzenden Fruchtkörpern fand ich keine Basidiensporen. Diese erscheinen erst später, gewöhnlich, wenn auf nasses Wetter trockene Tage folgen und die Fruchtkörper etwas zusammenschrumpfen.

---

1) Britz., Hymen.-Kunde. I. p. 16. Fig. 29. Sacc., Sylloge. XIV. p. 250.

Auch beobachtete ich, daß die aus dem Freien in trockene Zimmerluft gebrachten Fruchtkörper alsbald zur Sporenbildung schritten.

Die Sporen (Fig. 14) sind $4 - 5 \times 11 - 18 \, \mu$ groß, mit abgerundeten Enden, ein wenig gekrümmt, farblos; im Innern mit größeren und kleineren Körnern und Tropfen.

Schizophyllum commune Fr.

Gleich dem vorigen verursacht auch dieser Pilz die Zersetzung des Buchenholzes, und ich gewann durch künstliche Infektionen die Überzeugung, daß er sich am frischen Holze ansiedeln und dieses mit seinen Fäden durchwachsend, dessen Bräunung und Ersticken hervorrufen kann.

Im Freien beobachtete ich, daß dieser Pilz sich, gleich dem obigen, erst später am Holze ansiedelt, dessen Gewebe er aber ebenfalls tief durchdringt und an demselben Weißfäule verursacht.

Sehr oft verursacht er auch die Zersetzung abgestorbenen und in Verwendung befindlichen Holzes, was ich an mit Zinkchlorid imprägnierten, aber schon weißfaulen Eisenbahnschwellen beobachtete.

Die Fruchtkörper (Taf. II, Fig. 10) brechen anfangs in kleinen weißen Kügelchen hervor. In ihrer Mitte entsteht eine Vertiefung, von welcher aus sich das bläulichgraue Hymenium entwickelt; an diesem verlaufen von dem Mittelpunkte aus gegen den Rand des Hutes fächerförmige Lamellen.

Die obere Seite des Hutes ist grau, filzig; seine Form verschieden, bald ausgebreitet, umgebogen, bald fast gestielt.

Das Ersticken und die weitere Zersetzung des Buchenholzes wird durch die beschriebenen Pilzarten verursacht, worüber ich mich auch durch künstliche Infektionen überzeugte. Im Freien machte ich die Beobachtung, daß besonders Hypoxylon coccineum und Stereum purpureum jene Arten sind, welche am frischen Buchenholze das rasche Ersticken und die Zersetzung am häufigsten verursachen. Es ist nicht ausgeschlossen, daß unter anderen klimatischen Verhältnissen und bei einer anderen Pilzflora, auch noch andere Arten hierher zu zählen wären. Meine Beobachtungen in Deutschland und Frankreich wiesen jedoch darauf hin, daß die in Ungarn gewonnenen Resultate für ganz Mitteleuropa Geltung haben [1]).

---

[1]) Gelegentlich einer Studienreise in Dänemark wurde ich aufmerksam gemacht, daß Schizophyllum commune dort fehle. In den dortigen Buchenwäldern fand ich diesen Pilz tatsächlich kein einziges Mal.

Der Verlauf des Erstickens ist je nach den Umständen sehr verschieden. Gelegentlich meiner Untersuchungen im Bezirke des Oberforstamtes Ungvár und am Lagerplatze der Imprägnierungsanstalt zu Perecsény, habe ich im Inneren von Eisenbahnschwellen, welche in den Monaten Jänner und Feber des Jahres 1902 erzeugt wurden, schon in den Monaten Mai und Juni die Bräunung, und je nach den Verhältnissen hier und da an den Schnittflächen auch schon Fruchtkörper beobachtet. Unter diesen Eisenbahnschwellen war Ende Juli kaum eine einzige, welche noch nicht angegriffen gewesen wäre. — Die weißen Flecken im Inneren des Holzes zeigten sich aber erst gegen Ende August und im September.

Bei einem meiner Versuche bräunten sich die im Walde liegenden berindeten Stammabschnitte in 4—5 Monaten gänzlich, und zeigten in ihrem Inneren schon weiße Flecken, hier und da mit schwarzen Zeichnungen.

Schließlich wurden die in das feuchte Treibhaus gelegten, frisch verfertigten Eisenbahnschwellen in einem halben Jahre vollständig weißfaul.

Das angegriffene und gebräunte Holz wird mit dem Fortschreiten der Zersetzung mehr und mehr weißfaul, d. h. aus den Zellwandungen und den Lumina verschwinden die farbigen Stoffe, und die Pilzfäden zehren die Lamellen der Zellwände allmählich auf, und zwar zunächst die tertiären und sekundären Lamellen. Dadurch vergrößern sich im Querschnitte die Lumina und werden durch die in der Wandung entstehenden eckigen Lücken unregelmäßig sternförmig (Fig. 11), bis endlich die Wandungen ganz zerfallen.

In solchem weißfaulen Holze ist das Mycel des primär aufgetretenen Pilzes nicht mehr vorhanden; dessen Rolle übernehmen nun andere Pilzarten und Bakterien, welche schließlich die vollständige Verwesung des Holzes bewirken.

In Eisenbahnschwellen und Brennholzscheiten, besonders auf trockenen Lagerplätzen, vegetieren die Pilzfäden im Inneren der Stücke und wirken längere Zeit hindurch, ohne äußerlich bemerkbar zu sein, und es sind die äußeren Schichten des Holzes verhältnismäßig weniger angegriffen als die inneren. Aus diesem Grunde sind die Praktiker, ein solches Stück untersuchend, sehr leicht geneigt zu glauben, daß das Ersticken die Folge einer Stoffveränderung des Holzes an sich sei, ohne äußere Einwirkung, denn sollte dasselbe von außen herrühren, so müßten doch die äußeren Teile stärker angegriffen sein. Die Sache verhält sich aber natürlich so, daß die Sporen auf der Oberfläche im Safte des frischgefällten Holzes keimen, und von hier hauptsächlich durch die Gefäße in das Innere des Holzes eindringen. Wenn nun das Holz zu trocknen beginnt, kann sich das Mycel in den äußeren Teilen nicht entwickeln und es kann daselbst nicht tätig werden, sondern nur in den inneren, feuchten Partien, weshalb das stärker angegriffene Innere durch einen gesünderen Mantel umgeben bleibt.

Im Inneren des Holzes gedeiht der Pilz auch bei trockener Luft sehr gut, denn einesteils trocknet das erstickte Holz infolge der Holzgummi-Bildung und der Thyllen an sich selbst schon sehr langsam, anderseits aber entwickeln die Pilzfäden selbst Feuchtigkeit. Dies letztere zeigte sich häufig an den in Kulturgläsern gezüchteten Pilzen; die an der Oberfläche des Holzstückes wachsenden Hyphen schwitzten nämlich kleine Tröpfchen aus, was offenbar im Inneren des Holzes auch geschieht. Aus diesem Grunde ist das Innere des erstickten Holzes immer feucht. Hiedurch ist zu erklären, daß das Buchenholz manchmal auch an gedeckten, luftigen, vor Niederschlägen geschützten Orten erstickt, und ich beobachtete öfters, daß die Pilzfäden in erstickten, berindeten, kleineren Buchenstammabschnitten sogar im geheizten, trockenen Zimmer Monate hindurch am Leben blieben und das Holz seine Feuchtigkeit bewahrte. Zum Erstickungsprozeß des Buchenholzes ist also, wenn einmal die Infektion erfolgte, nicht nötig, daß dasselbe den atmosphärischen Einflüssen ausgesetzt sei. Dies bewiesen auch jene Eisenbahnschwellen, welche ich anderthalb Jahre an einem seitlich freien, gedeckten Orte hielt; einige von diesen erstickten im Inneren und wurden zersetzt, trotzdem sie nur der freien Luft, nie aber dem Regen und Schnee ausgesetzt waren. Es folgt aus dem Gesagten, daß je größer ein Holzstück ist, sein Inneres um so leichter und von den äußeren Verhältnissen um so unabhängiger erstickt und zersetzt wird.

Die Bräunung, sowie die spätere Weißfäule des erstickten Holzes verbreitet sich in länglichen Streifen, welche zur Stammachse parallel liegen und darauf hindeuten, daß die Pilzfäden ebenfalls in dieser Richtung vordringen. Die dickeren Hyphen befinden sich besonders in den Gefäßen.

Wie erwähnt, werden die äußeren, dem Trocknen ausgesetzten Teile des Holzstückes nie so rasch zersetzt, wie die inneren; und obzwar sich an den Stirnflächen von Eisenbahnschwellen und Brennholzscheiten, welche mehrere Monate hindurch im Freien lagen, gewöhnlich Farbenveränderungen, Flecke etc. zeigen, scheint das Holz von außen doch oft noch ganz gesund zu sein, wenn das Innere schon angegriffen ist.

Die an den Stirnflächen des erstickten Buchenholzes erscheinenden Flecke, insofern sie nicht die Anfänge der Fruchtkörper oder das Mycel der beschriebenen Pilze sind, können verschiedenen Ursachen zugeschrieben werden. Das von der Säge herstammende Eisenoxyd und die Gerbsäure des Holzes verursachen an frischgeschnittenem Holze schwarze Flecke; das an die Oberfläche austretende Holzgummi ruft rötlich braune Partien hervor; und es siedeln sich auf dem angegriffenen Holze auch verschiedene oberflächlich wirkende Pilze und Bakterien an. — So rühren die rötlich violetten Fleckchen am zersetzten Holze von einer roten Bakterienart her, deren Wirkung aber nach innen nicht weiterdringt. Diese Purpurbakterie ist in ihren morphologischen Eigenschaften mit Clathrococcus roseo-persicinus (Cohn) [1] indentisch; wir finden aber diese in der Literatur nur als eine in Sumpfwasser vorkommende Art erwähnt, obwohl die roten Fleckchen am Buchenholze sehr häufig vorkommen.

Das Ersticken setzt die Verwendbarkeit des Buchenholzes sehr herab, da im erstickten Buchenholze die Zersetzung rasch vorschreitet und infolgedessen das Holz, obzwar es anfänglich noch genügend fest und unzersetzt erscheint, zu technischen Zwecken in 1—2 Jahren vollkommen unbrauchbar wird.

Das Ersticken ist auch mit Rücksicht auf die Imprägnierungsfähigkeit des Holzes schädlich, da solches Holz, wie oben erwähnt, in seinem Inneren feucht ist, und wie weiterhin nachgewiesen, das feuchte Buchenholz nicht entsprechend imprägniert werden kann. Außerdem wird die gleichmäßige Verteilung der Imprägnierungs-Flüssigkeit jedenfalls auch von den in den Gefäßen des erstickten Holzes entstehenden Thyllen und dem Holzgummi beeinflußt. Es können ferner in den inneren, nicht imprägnierten Teilen solchen Holzes, bei der Anwendung der üblichen Imprägnierungsverfahren, auch die Pilzfäden am Leben bleiben. — Solche Eisenbahnschwellen werden schon in 2—5 Jahren unbrauchbar, und es kann dies, da die Kosten der Herstellung, Imprägnierung etc. sehr beträchtlich sind, zu großen finanziellen Verlusten führen.

Besonders schädlich ist es betreffs der Imprägnierung, wenn das Holz in der Rinde erstickt, da in diesem Falle die Gefäße durch Thyllen, und die Tüpfel der Zellen mit Holzgummi so sehr ausgefüllt werden, daß das Eindringen der Imprägnierungsflüssigkeit gänzlich verhindert wird.

Aus diesen Gründen ist — um das Buchenholz zu technischen Zwecken verwerten zu können — die wichtigste Aufgabe des Produzenten, das Holz so zu behandeln, daß es nicht ersticke, und dem Konsumenten im uninfizierten Zustande übergeben werde.

Zur Orientierung über die Verluste, welche das Ersticken verursachen kann, mögen folgende Daten dienen.

Das Oberforstamt Ungvár, wo ich meine Untersuchungen größtenteils durchführte, hielt seit dem Beginne der Herstellung buchener Eisenbahnschwellen, d. h. seit dem Jahre 1891, die in Tabelle 3 enthaltenen Daten evident.

---

[1] Cohn, Beitr. z. Biol. I, 3. Heft. p. 157.

Tabelle 3.

Jahr der Herstellung	Es wurden hergestellt	Es wurden der Staatseisenbahn übergeben	Ausschuß	Ausschuß %	Es kamen in den Ausschuß		Der infolge Erstickung in Ausschuß gesetzten Eisenbahnschwellen	
					Infolge Erstickung	Wegen Rissen u. anderen Fehlern	Anzahl	Wertverminderung in Kronen
	Stücke				%			
1891	41 819	41 286	533	1,3	—	100	—	—
1892	56 812	56 045	767	1,3	40	60	306	428
1893	32 966	32 542	424	1,3	45	55	190	266
1894	234 953	228 174	6 779	2,9	48	52	3 253	4 554
1895	309 866	284 003	25 863	8,3	60	40	15 517	21 724
1896	264 755	248 256	16 499	6,2	62	38	10 229	14 321
1897	283 767	246 959	36 808	13,0	65	35	23 925	33 495
1898	293 048	211 735	81 313	27,7	75	25	60 984	85 378
1899	261 056	222 414	38 642	14,8	64	36	24 730	34 622
Sa.:	1 779 042	1 571 414	207 628	—	—	—	139 134	194 788

Laut Angaben dieser Tabelle variierte der durch das Ersticken verursachte jährliche Schaden rund zwischen 270 und 85 000 Kronen.

Dieser Verlust entstand dadurch, daß die Ausschuß-Schwellen bloß als Brennholz verwertet wurden, was pro Stück annähernd 1,40 Kronen Wertverlust verursachte.

Wenn wir die Angaben der Tabelle 3 näher betrachten, so fällt uns auf, daß die Prozente der Ausschuß-Schwellen, insbesondere aber diejenigen der durch Ersticken unbrauchbar gewordenen Schwellen, mit Ausnahme des letzten Jahres, von Jahr zu Jahr gestiegen sind. — Zur Beurteilung, wodurch diese Zunahme verursacht wurde, habe ich keine sicheren Stützpunkte. — Die Anzahl der hergestellten Eisenbahnschwellen steht mit dem Prozentsatze des Ausschusses in keinem konsequenten Zusammenhange; auch kann nicht vorausgesetzt werden, daß die Witterungsverhältnisse für die Pilzvegetation von Jahr zu Jahr immer günstiger geworden wären, und dies die fortwährende Zunahme des Ausschusses verursacht hätte. Ich glaube daher, daß wir die Ursache dieses Umstandes darin zu suchen haben, daß bei der Übergabe, beziehungsweise Übernahme der Eisenbahnschwellen nicht gleichmäßig vorgegangen wurde, und die Übernehmer der Schwellen auf das Ersticken des Holzes von Jahr zu Jahr mehr Gewicht legten. Es ist dies die natürliche Folge dessen, daß sie die Kennzeichen und die schlimmen Folgen der Erstickung immer mehr erkannten.

Wenn wir dies in Betracht nehmen, so ergibt sich, daß der aus Tabelle 3 ersichtliche Verlust nicht als das richtige Maß des Erstickens betrachtet werden kann, sondern daß derselbe in den früheren Jahren viel größer war, als es die Tabelle angibt[1]). Der damit verbundene Verlust traf aber nicht das Oberforstamt, sondern die übernehmende Staatseisenbahn-Verwaltung.

Diese Angaben fanden ihre Bestätigung vielfach auch im Laufe meiner Untersuchungen (in den Jahren 1899—1902), indem ich beobachten konnte, daß das Ersticken an den im Winter verfertigten Schwellen im darauffolgenden Mai und Juni gewöhnlich schon allgemein auftrat, und in den Monaten Juli und August rapid um sich griff; an den behufs Untersuchung aufgespaltenen Schwellen machte sich im August und September bereits die Weißfäule bemerkbar.

Im Jahre 1902 benötigte ich in Perecsény, Ende Juli und anfangs August, zu meinen Imprägnierungsversuchen 20—25 unerstickte, gesunde Schwellen, konnte solche aber trotz all meines Suchens unter den zu Tausenden auf dem Lagerplatz liegenden Eisenbahnschwellen nicht finden.

Inwiefern der Konsument durch Übernahme erstickten Materials geschädigt werden kann, habe ich schon vorher erwähnt. Diese Schäden können die durch den Produzenten erlittenen weit übertreffen und es können besonders große Verluste nachgewiesen werden, wenn wir die Dauerhaftigkeit und die Kosten der im gesunden Zustande und entsprechend imprägnierten Eisenbahnschwellen, mit der Dauer von erstickten und nichtentsprechend imprägnierten Schwellen vergleichen.

Diesbezüglich sammelte ich bei mehreren ungarischen, deutschen, belgischen und französischen Eisenbahnen Angaben, laut welchen die zweckmäßig konservierten Eisenbahnschwellen 25—30 Jahre dauern können[2]), bei nicht entsprechender Behandlung und Imprägnierung aber die Schwellen schon in 3—5 Jahren unbrauchbar werden, wodurch die Ankaufs-, Imprägnierungs-, Transport- und Auswechselungskosten während der erreichbaren Dauer tadellos konservierter Schwellen sich 5—6 mal wiederholen.

Wenn wir diese Angaben in Betracht ziehen und vor Augen halten, daß es sich bei größeren Bahnverwaltungen jährlich um viele hunderttausend Schwellen handelt, kommen wir zu der Einsicht, mit welch wichtiger Frage wir es zu tun haben, und welch großen Verlusten durch die entsprechende Konservierung der Buchenschwellen vorgebeugt werden kann.

Welche Imprägnierungs-Methode am meisten Erfolg verspricht und welche Umstände diesbezüglich in Rechnung zu nehmen sind, soll im

---

[1]) Hier ist auch noch in Betracht zu nehmen, daß die infolge anderer Fehler zurückgewiesenen Eisenbahnschwellen wenigstens teilweise auch erstickt sein konnten.

[2]) Vergl. V. Dufaux, Note sur la préparation des Traverses etc. p. 32, 33.

Abschnitte über die Konservierung eingehender besprochen werden; an dieser Stelle wollte ich nur kurz darauf hinweisen, daß eine zweckmäßige Konservierung, deren wesentlicher Teil auch der Schutz gegen das Er-sticken bildet, von außerordentlicher Bedeutung für die Brauchbarkeit des Buchenholzes ist.

Welchen Anteil das Ersticken bei der raschen Zersetzung der Eisen-bahnschwellen hat, d. h. wieviel von diesem Übelstande dem Ersticken und wie viel der nicht entsprechenden Imprägnierungs-Methode zuzuschreiben ist, lässt sich nicht genau bestimmen. Soviel ist aber nach den weiter unten beschriebenen Beobachtungen zweifellos, daß nicht ersticktes, ausgetrocknetes Holz an sich schon viel dauerhafter ist, als ersticktes Holz, und es natür-lich ist, daß man mit der Imprägnierung des ersteren schon deswegen ein besseres Resultat erzielen kann. Das Resultat wird aber beim nicht-erstickten Holze auch darum ein besseres sein, weil das erstickte Holz, wie vorher schon beschrieben, nicht so gut imprägnierbar ist, wie gesundes, ausgetrocknetes Holz.

Auf Grund des Bisherigen ist es zweifellos, daß, um das Ersticken zu vermeiden, das Ansiedeln und das Gedeihen der dasselbe verursachen-den Pilze verhindert werden muß.

Infolge des Umstandes, daß sich die Pilzfäden, wenn sie einmal in das Gewebe des Holzes eingedrungen sind, von den äußeren Verhältnissen mehr oder weniger unabhängig verbreiten, muß der Schutz gegen das Er-sticken eine präventive Maßregel sein. Ferner mit Rücksicht darauf, daß die betreffenden Pilzarten an faulenden Stöcken, Ästen und überhaupt an abgestorbenen Teilen der Bäume in großer Menge gedeihen, und dem-zufolge das Holz gleich beim Fällen, bezw. vom Momente der Bearbeitung an gefährden, ist es erforderlich, daß der Schutz gleich bei der der Ab-stockung unmittelbar folgenden Bearbeitung beginne.

Betreffs dieser Schutzmaßregeln habe ich zwei Versuche angestellt und bin zu der Überzeugung gekommen, daß der Zweck am einfachsten durch ein gründliches Anstreichen der Holzstücke mit einem antiseptischen Stoffe erreicht werden könnte.

Bei diesen Versuchen verendete ich eine 5%ige Kupfervitriol-lösung, womit ich ein Meter lange, verschieden starke, teils in der Rinde gelassene, teils bearbeitete Stücke anstreichen ließ, und zwar gleich beim Fällen, bezw. bei der Bearbeitung. Ich legte zu jedem angestrichenen Stücke zum Vergleiche ein unangestrichenes Stück, welches stets aus dem-selben Stammabschnitte verfertigt wurde.

Das Versuchsmaterial wurde in einem Falle im Monate April, im anderen Falle im Monate Mai gefällt. Die Stammstücke wurden an einen schattigen, feuchten Waldesrand gelegt und zufälligerweise war die Witterung sehr feucht, der Infektion günstig.

An besagten Holzstücken konnte man beobachten, daß sich an den unangestrichenen alsbald mehrere Schimmelpilze ansiedelten, an den angestrichenen dagegen nicht. Das erste, sichere Anzeichen des Erstickens — das Erscheinen von Stereum purpureum und Bispora monilioides, — zeigte sich an den im Monate April gefällten, stärkeren, in der Rinde belassenen und unangestrichenen Stücken Mitte August, also ungefähr nach $4\,^{1}/_{2}$ Monaten, an den gleichen Stücken vom Monate Mai dagegen entsprechend später.

Da kurz nach dem Auslegen der Versuchsstücke dauerndes Regenwetter eintrat und die Stücke mit der Zeit auch Risse bekamen, welche den Pilzen Eintritt gewährten, wiederholte ich den Anstrich bis August dreimal.

Mitte September untersuchte ich sämtliche Stücke, zu welchem Zeitpunkte sich an vier stärkeren, unbestrichenen Stammabschnitten Stereum und Bispora zeigten. Sämtliche Stücke wurden nun aufgespalten, wobei sich ergab, daß alle, wenn auch in verschiedenem Maße, angegriffen waren: die dünneren (14—15 cm Durchmesser) und entrindeten weniger, die stärkeren (30—50 cm Durchmesser) und in der Rinde belassenen mehr.

Die angestrichenen und unangestrichenen Stücke vergleichend fand ich folgendes:

In 11 Fällen waren die vollkommen angestrichenen Stücke weniger erstickt als die unangestrichenen; in 10 Fällen waren die mit Kupfervitriol behandelten und nicht behandelten in gleichem Maße angegriffen, und in 2 Fällen war das angestrichene Stück mehr angegriffen als das nicht angestrichene. Außerdem untersuchte ich an 6 Stücken den Erfolg, welcher durch den bloßen Anstrich der Stirnflächen erreicht wird. Es erwies sich, daß dieses letztere Verfahren überhaupt ohne Erfolg blieb.

Von den obigen 11 guten Ergebnissen waren in 9 Fällen die Paare berindet und nur in 2 Fällen entrindet; in den weiteren 10 Fällen aber waren 8 Paare behauen und nur 2 berindet. Hieraus folgt, daß der Anstrich an den in der Rinde belassenen Stücken erfolgreicher war.

Da man in jenen Fällen, in welchen der Anstrich von Erfolg war, beobachten konnte, daß zwar auch die angestrichenen Stücke zu ersticken begannen, jedoch in geringerem Maße als die unbestrichenen, so ist es offenbar, daß an diesen die Infektion später — und zwar nach Entstehung der Risse eintrat. Hierauf deutet auch der Umstand hin, daß der Anstrich besonders bei den in der Rinde belassenen Stücken von Erfolg war; denn dies ist ebenfalls nur so zu erklären, daß die in der Rinde belassenen Stücke später und weniger Risse bekamen, als die abgerindeten, an welchen sich sowohl an den Stirnflächen, als auch an den Seiten alsbald viele Risse zeigten.

Daraus, daß der Anstrich, wenn er lediglich auf die Stirnflächen beschränkt wurde, weder an den entrindeten, noch an den in der Rinde belassenen Stücken von Erfolg war, läßt sich folgern, daß die Pilzfäden, in beiden Fällen, auch von den Seitenflächen aus in das Innere des Holzes drangen.

Obwohl obige Versuche nicht unbedingt auf die vollständige Zuverläßlichkeit des angewendeten Verfahrens hinweisen, wäre es doch ratsam, dasselbe im Walde an frischen Buchenerzeugnissen, insbesondere an Eisenbahnschwellen versuchsweise anzuwenden und zwar aus folgenden Gründen und auf folgende Weise.

Wie aus dem Gesagten zu entnehmen ist, wurden die Versuche in der warmen und abwechselnd regnerischen Jahreszeit ausgeführt[1]), welche das Rissigwerden des frischgefällten Holzes fördert und die Infektion, sowie das Gedeihen der Pilze begünstigt. Diesem Übelstande können wir durch die Winterfällung begegnen, zu welcher Jahreszeit einerseits der Schnee das antiseptische Mittel nicht so leicht abwäscht, wie im Sommer der Regen, und andererseits das Holz langsamer trocknet und demzufolge nicht so bald rissig wird. Schließlich ist die Winterzeit schon an und für sich der Verbreitung der Pilze ungünstig.

Weil aber — wie es die Versuche nachwiesen — besonders die Risse es sind, welche den Sporen Eintritt gewähren und den oberflächlichen Anstrich wirkungslos machen, erscheint es ferner angezeigt, die wertvolleren Buchenprodukte, insbesondere Eisenbahnschwellen, nach der Erzeugung und dem Anstriche mit dem antiseptischen Mittel aus dem Freien möglichst rasch, aber jedenfalls noch vor dem Entstehen der Risse, in die Imprägnierungsanstalten, bezw. auf entsprechende Lagerplätze zu bringen und sie hier unter luftigen Schutzdächern vor Regen zu bewahren.

Betreffs der zu verwendenden Flüssigkeit ergaben also die Versuche, daß sich die 5 %ige Kupfervitriollösung in der beschriebenen Weise bewährte. Daß stärker wirkende antiseptische Mittel, wie z. B. Sublimat, oder laut neueren Erfahrungen Fluorverbindungen wirksamer wären, braucht nicht weiter erörtert zu werden. Hier handelt es sich hauptsächlich um ein zweckmäßiges Vorgehen im allgemeinen; das betreffende Mittel kann dann entsprechend gewählt werden.

Es sei hier noch jenes Ergebnis meiner Versuche erwähnt, daß die im falschen Kerne hausenden Pilze bei dem Ersticken der äußeren Splintholzschichten nicht mitwirken. Unter den Versuchsholzstücken waren nämlich mehrere falschkernig, und an diesen war, besonders an den angestrichenen Stücken, zu konstatieren, daß die den falschen Kern verursachenden Pilzfäden sich von innen nach außen nicht weiter verbreiteten, d. h. die zunächst des falschen Kernes liegenden Splintteile waren bei

---

[1]) Wie es nämlich die Reihenfolge meiner Untersuchungen bedingte.

der Revision des Versuches in mehreren Fällen noch nicht angegriffen, und man konnte sehen, daß die das Ersticken verursachenden Pilze von außen nach innen dringen.

Bei dem minderwertigen Brennholze kann gegen das Ersticken eine umständlichere, kostspielige Schutzmethode nicht in Betracht kommen und so auch die beschriebene nicht. Dadurch aber, daß das Holz nur im Winter, besonders anfangs Winter gefällt und aus den von Pilzen überfüllten Schlägen, besonders aus schattigen Talsohlen, je früher weggeführt wird, und zu Lagerplätzen trockene, luftige Orte gewählt werden, kann man dem Ersticken und der raschen Zersetzung ziemlich vorbeugen.

Daß die entsprechende Auswahl der Lagerplätze sowohl für das Brennholz, wie auch für die wertvolleren Sortimente, und so auch für die Eisenbahnschwellen von besonderer Wichtigkeit ist, steht außer Zweifel. In vielen Schwellen- und Brennholzdepots habe ich beobachtet, daß feuchter Boden und abgeschlossene feuchte Luft das Ersticken und Zersetzen auffallend fördern.

Oft begegnen wir der Ansicht, daß auf die Dauerhaftigkeit des Buchenholzes auch die Fällungszeit einen wesentlichen Einfluß ausübt und zwar, daß das im Winter gefällte Holz dauerhafter sei, als das im Sommer gefällte, weil in letzterem mehr Wasser und mehr die Zersetzung befördernde Stoffe enthalten sind. Soviel hat die Erfahrung tatsächlich bewiesen, daß das im Sommer gefällte Buchenholz leichter zersetzt wird, als das im Winter gefällte; dies kann aber weder mit dem größeren Wassergehalt, noch mit der größeren Menge der Bildungsstoffe in Verbindung gebracht werden.

Nach den Untersuchungen R. Hartigs[1]) ändert sich der Wassergehalt der Buche, besonders in den äußeren Holzmänteln, in den verschiedenen Jahreszeiten derart, daß jährlich auf Juli und Dezember je ein Maximum, auf März und Oktober aber je ein Minimum fällt. Das größere Maximum tritt im Juli und das kleinere Minimum Ende März ein. Mit Rücksicht auf den Wassergehalt wäre daher März-April die vorteilhafteste Fällungszeit, die Tatsachen aber bestätigen dies nicht, denn das zu dieser Zeit gefällte Buchenholz erstickt rascher, als das im Winter gefällte. Andererseits ist es auch zweifellos, daß das frisch gefällte Buchenholz immer und in allen seinen Teilen so viel Feuchtigkeit enthält, daß es, wenn die Umstände der Pilzvegetation sonst günstig sind, in einigen Monaten gänzlich ersticken und zersetzt werden kann.

Was nun ferner die in den parenchymatischen Elementen des Buchenholzes enthaltenen Kohlenhydrate und stickstoffhaltigen Stoffe betrifft, so ist es durch die Untersuchungen Hartigs[2]) erwiesen, daß

---

1) Das Holz der Rotbuche. p. 34, 35.
2) l. c. p. 38.

der Stärkegehalt des Buchenholzes seinen Sitz nur in den äußeren Jahresringen hat, nach innen immer geringer wird und beiläufig von dem 50. Jahresringe an (von außen gerechnet) schon fast gänzlich fehlt; ferner hat Hartig nachgewiesen, daß mit der Jahreszeit nur der Stärkegehalt der äußersten 2—3 Jahresringe einer Veränderung unterworfen ist, und zwar derart, daß im Frühjahre (im Mai) die Stärke zur Bildung der neuen Teile verbraucht wird, um bis September wieder ersetzt zu werden. Der Stärkegehalt der inneren Holzteile ist unter gewöhnlichen Umständen im ganzen Jahre gleich. Sonach wäre auch von diesem Standpunkte aus die Frühjahrsfällung vorteilhafter, was mit den Erfahrungen ebenfalls im Gegensatze steht.

Über den Eiweißgehalt haben Weber[1]) und Schröder[2]) nachgewiesen, daß das Buchenholz beiläufig 0,1—0,3 Prozent Stickstoff enthält, und zwar von außen nach innen in abnehmender Menge, ohne jedoch auch in den innersten Teilen zu fehlen. Hartig und Weber[3]) wiesen ferner nach, daß durch die Tätigkeit des Cambiums, d. h. bei der Bildung neuer Jahresringe, sich der Stickstoffgehalt weder in den äußeren noch in den inneren Teilen ändert, auch dann nicht, wenn der seiner Blätter beraubte Baum sein Cambium ausschließlich mit Reservestoffen ernährt, wobei — im Gegensatze zum Stickstoffe — der ganze Stärkegehalt aus dem Stamme schwinden kann. Dies beweist daher, daß bezüglich der Zersetzbarkeit zwischen dem im Sommer und im Winter gefällten Holze, auch den Eiweißgehalt betreffend kein nachweisbarer Unterschied ist. Sowie also vorher vom Wassergehalte erwähnt wurde, so scheint es auch bezüglich der Bildungsstoffe festzustehen, daß die das Ersticken hervorrufenden Pilze an frischgefälltem Buchenholze, sei dasselbe wann immer gefällt, stets die Bedingungen ihres Gedeihens vorfinden, und das Ersticken und die Zersetzung, wenn sonst die Verhältnisse es gestatten, wann immer in gleichem Maße eintreten können.

Soweit also unsere Kenntnisse reichen, sind die Ursachen, welche die Erstickung und Zersetzung beeinflussen und hiermit die Frage der vorteilhaftesten Fällungszeit entscheiden, nicht in dem der Jahreszeit nach veränderlichen Stoffgehalte des Holzes, sondern in den auf das Gedeihen der Pilze Einfluß nehmenden äußeren Umständen zu suchen; und zwar ist es zweifellos, daß die höhere Temperatur und die größeren Niederschläge des Frühjahres und Sommers die Vermehrung der Pilze wesentlich fördern und insbesondere dazu beitragen, daß sich die Sporen leichter ansiedeln und die Pilzfäden sich schneller und wirksamer verbreiten als im Winter, zu welcher Jahreszeit die Kälte, die Schneedecke,

---

1) Hartig-Weber, Das Holz der Rotbuche. p. 194.
2) Forstchemische und pflanzenphysiologische Unters. I.
3) D. s. p. 46 u. 196.

das Fehlen des Regenwassers etc. der Verbreitung, dem Ansiedeln und Gedeihen der Pilze hindernd entgegentreten.

Die Zersetzung des abgestorbenen, ausgetrockneten Holzes habe ich an acht Stück Eisenbahnschwellen beobachtet, welche gleich nach ihrer Verfertigung in einem trockenen Zimmer untergebracht wurden. Nach anderthalbjährigem Trocknen wurden diese Schwellen für ein Jahr auf den Boden eines Treibhauses gelegt, ebendorthin, wo die frisch verfertigten Eisenbahnschwellen in einem halben Jahre ausnahmslos weißfaul wurden. Von hier brachte ich sie auf den Boden eines schattigen Nadelholzbestandes zwischen die übrigen Schwellen, welche mit den Fruchtkörpern der Buchenholzzerstörer voll besetzt waren. Als ich nach einem neueren Jahre die Schwellen untersuchte, zeigte sich ihr Inneres gesund; nur in der Nähe der Stirn- und Seitenflächen waren einzelne weißfaule Streifen bemerkbar. An diesen Schwellen erschienen nach einem weiteren halben Jahre, d. h. von dem Unterbringen im Treibhause gerechnet, nach Verlauf von insgesamt $2^1/_2$ Jahren, bei nasser Herbstwitterung, die Fruchtkörper von Tremella faginea, und in der Nähe der Stirnflächen zeigten sich nunmehr im Holze schon größere weißfaule Streifen, aber auch diese griffen nicht tiefer ein, das Innere der Schwellen war noch immer gesund. Es sei hier erwähnt, daß das Innere dieser Schwellen teils durch das beim Absterben des Holzes entstandene Holzgummi, teils durch Einwirkung der Luft bräunlich gefärbt war, sich jedoch infolge Fehlens der Thyllen vom erstickten Holze wesentlich unterschied.

Wenn das gefällte Buchenholz also abstirbt und austrocknet, ohne von den erwähnten, das Ersticken verursachenden Pilzen angegriffen zu sein, und erst in solchem Zustande in Verhältnisse gelangt, welche der Zersetzung förderlich sind, so widersteht es den Pilzen schon in viel höherem Maße als das frische Holz; und wenn die Zersetzung dennoch erfolgt, so beginnt sie nicht mehr mit dem Ersticken und greift nicht rasch im ganzen Inneren des Holzes um sich, sondern tritt bloß stellenweise auf und verbreitet sich langsam um die Infektionsstellen.

Auf derartigem Holze siedeln sich die gefährlichen Feinde des Buchenholzes: Hypoxylon coccineum und Stereum purpureum nicht mehr so leicht an, ja ich habe letzteren Pilz an solchem Holze überhaupt nicht beobachtet.

Auf Grund dieser Ergebnisse ist es für gewiß zu erachten, daß Buchenholz, welches als Eisenbahnschwelle, Grubenholz etc. schon binnen zwei Jahren in seinem ganzen Inneren weißfaul wird, noch im frischen Zustande von den zersetzungserregenden Pilzen infiziert wurde und als es in Verwendung kam, entweder noch frisch, oder schon erstickt war. Dieser Umstand, besonders aber die Gegenwart der im erstickten Holze entstehenden Thyllen können in fraglichen Fällen, z. B. bei Feststellung von Schadenersatz-Ansprüchen als verläßliche Stützpunkte dienen.

Auf dem erstickten und darauf in Zersetzung übergangenen Buchenholze erscheint nach oder teilweise gleichzeitig mit den vorher beschriebenen Pilzarten eine ganze Reihe von anderen Pilzen, welche die zerstörende Wirkung jener fortsetzen.

Als solche erkannte ich besonders Polyporus versicolor (L.) und Polyporus hirsutus (Schrad.), welche an den beobachteten Schwellen im dritten Jahre gleich nach den Erstickungserregern erschienen. Auch an bereits eingebauten Eisenbahnschwellen fand ich diese Pilze in mehreren Fällen, und es ist wahrscheinlich, daß sie auch selbständig eine tiefdringende Zersetzung des Buchenholzes hervorrufen können. Im Freien aber treten die oben als Erstickungserreger bereits beschriebenen Pilzarten stets früher auf, ebenso, wie unter diesen Stereum purpureum, Hypoxylon coccineum und Bispora monilioides den Arten Tremella faginea und Schizophyllum commune vorangehen. Stereum hirsutum (Willd.), welches ich als einen an den Wundstellen und faulenden Teilen lebender Buchen vorkommenden Pilz schon vorher erwähnte, fand ich an aufgearbeitetem und in Verwendung stehendem Holze nur am Schlusse meiner Untersuchungen, und zwar in zwei Fällen auf Eisenbahnschwellen. Am Waldboden liegende, in der Rinde belassene Stamm- und Aststücke, sowie auch stehende Bäume befällt Stereum hirsutum sehr häufig, und wie es die beiden erwähnten Fälle beweisen, kommt es also auch an aufgearbeitetem Material vor [1].

Sämtliche bisher beschriebene Pilze verursachen die Weißfäule des Buchenholzes, durch welche dieses seine gesamten farbigen und spröden Bestandteile verliert und als ein lockeres, weißes, unter dem Mikroskope farbloses, zerstörtes Gewebe zurückbleibt.

In dem derart zersetzten Holze entstehen schwarze Zeichnungen, beziehungsweise unregelmäßige Figuren einschließende Wände (Taf. II, Fig. 11). Unter dem Mikroskope finden wir, daß das Holz an beiden Seiten der schwarzen Schicht angegriffen ist, seine Zellwände verdünnt und zerklüftet sind (wie auf Fig. 11, S. 33); hingegen sind die Zellen der schwarzen Schicht selbst gänzlich intakt. Diese Zellen und besonders die Gefäße sind von einem verhältnismäßig dicken Mycelgeflechte durchzogen, und die Pilzfäden, sowie auch die Lumina und Wandungen der Zellen enthalten einen braunen, beinahe schwarzen Stoff, wodurch dieser Gewebeteil ein dunkles, kompaktes Aussehen erhält.

---

[1] Ob Polyporus fomentarius (L.), welcher oft die Zersetzung des Holzes lebender Bäume verursacht, auch das gefällte und aufgearbeitete Buchenholz befalle, habe ich in keinem Falle wahrgenommen, wenn aber Holz verwendet wird, welches bereits am stehenden Stamme von diesem Pilze oder von Stereum hirsutum angegriffen war, so ist es natürlich, daß diese Pilze unter entsprechenden Verhältnissen im aufgearbeiteten Holze weiterwirken und dessen weitere Zersetzung verursachen können.

Dieser schwarze Mantel ist sehr widerstandsfähig; verdünnte Säuren, Laugen, Äther, Alkohol greifen ihn nicht an, und er widersteht auch den zerstörenden Organismen und atmosphärischen Einflüssen Jahre hindurch. Solche schwarze Zeichnungen kommen außer im Buchenholze auch in anderen faulenden Holzarten vor. Auch R. Hartig[1]) erwähnt sie, ohne aber die Bedeutung derselben eingehender zu beschreiben.

Bezüglich ihrer Entstehung beobachtete ich, daß die Pilze solche Mäntel gerne am Rande der angegriffenen Holzpartien, sowie dort bilden, wo die Hyphen zweier verschiedener Pilzarten zusammentreffen. Auch parasitäre Pilze bilden im Holze solche Mäntel und zwar öfters dort, wo der abgestorbene Teil mit dem gesunden Gewebe in Berührung kommt. Analog mit dieser Erscheinung bilden solche Mäntel im gefällten Holze oft eine scharfe Grenze zwischen den stärker und weniger angegriffenen Teilen.

Aus dieser Art des Auftretens und aus der Widerstandsfähigkeit der Mäntel läßt sich folgern, daß die Pilzfäden dieselben zum Schutze der von ihnen befallenen Holzpartien erzeugen. Die Bildung derselben beginnt schon bevor die Zellen an der betreffenden Stelle angegriffen wurden.

Der beschriebene dunkle Stoff wird von den Hyphen aus den Zersetzungsprodukten des Holzes erzeugt und in die betreffende Zone geführt.

Beim Untersuchen des zu verschiedenen technischen Zwecken, Eisenbahnschwellen, Pflasterstöckel usw. verwendeten Buchenholzes fand ich oft auch rotfaules Holz, welches im Gegensatz zum weißfaulen, rotbraun, spröd und leicht zu zerbröckeln ist. Diese Rotfäule kann ihren Anfang ebenso am frischen, wie auch am bereits abgestorbenen in Verwendung befindlichen Holze nehmen.

Trametes stereoides (Fr.)[2]). (Daedalea mollis Sommerf.)[3]).

Sehr häufig wird die Rotfäule des Buchenholzes durch diesen Pilz verursacht. Solches Holz ist rotbraun, morsch, von Längs- und Querrissen durchzogen, in welchen sich schmutzig weiße, watteartige Mycelplatten befinden, gerade so, wie in dem von P. vaporaria zersetzten Holze (Taf. III, Fig. 12). Unter der Kulturglocke wächst am Rande des zersetzten Holzes ein weißes, flockiges Mycel heraus.

An den im Freien, an feuchten Orten gehaltenen, angegriffenen Holzstücken entwickeln sich am Querschnitte oder auch an den Seiten

---

[1]) Die Zersetzungsersch. d. Holzes. p. 4. Tab. VII, XI, XV.

[2]) Fr., Syst. Myc. I. p. 369. Sacc., Syll. VI. p. 267. Rabh. Wint., Krypt.-Flora. I. p. 415.

[3]) Sacc., Syll. VI. p. 354. Rabh. Wint., I. 1. p. 401. Bresadola, Hymenomyc. Hung. Kmet. p. 28 (92).

weiße oder ölbraune, ausgebreitete, resupinate Fruchtkörper (Fig. 15), oder aber es wächst die typische Form des Pilzes hervor (Fig. 16).

Die resupinate Form kann von verschiedener Größe sein; sie legt sich ganz dem Substrate an, kann aber von diesem abgetrennt werden. Der Rand dieser Fruchtkörper ist zuweilen umgebogen und die obere Seite des so entstandenen Hutes ist schmutzig-weiß oder ölbraun, kurz behaart. Hier und da entstehen auch im Inneren der Kruste kleine, hutartige Vorsprünge. Manchmal bilden sich auch im Inneren des Holzes, an den Seiten der Risse sehr dünne Fruchtkörper.

Die Fruchtkörper sind mit kurzbehaarten Poren besetzt. Die Kanäle sind von verschiedener Tiefe; an meinen Exemplaren erreichten einzelne

Fig. 15.

Trametes stereoides (Fr.). Resupinater Fruchtkörper. 1 : 3.

schiefstehende zwar auch eine Länge von 5 mm, die senkrecht oder nur wenig schief stehenden waren aber viel kürzer.

Die Größe und Form der Poren ist verschieden. Im allgemeinen sind sie groß, bald rund, bald eckig, zerschlitzt, oder manchmal fast labyrinthförmig und es kommen auch stumpf gezähnte vor. Diese resupinate Form beschrieb Sommerfeld unter dem Namen Daedalea mollis als eine besondere Art. Die typische Form des Pilzes, welche mit dem Tr. stereoides Fries identisch ist, unterscheidet sich von der vorher beschriebenen Form wesentlich. Ihre Kennzeichen sind folgende.

Die schmutzig-grauen, oder licht olivenbraunen Fruchtkörper sind an ihrem Grunde dunkel gefärbt, 1—4 cm lang, $^{1}/_{2}$—2 cm breit, es kommen aber auch größere, insbesondere längere vor. Das Hymenium ist weißlich oder gelblichgrau, die Poren sind groß, rundlich, eckig oder zerschlitzt, mit dicken, kurzbehaarten Wandungen. Die mit der Lupe gut wahrnehmbare Behaarung verliert sich aber bei dieser, sowie auch bei der resupinaten Form, wenn die Fruchtkörper alt sind oder stark durchnäßt werden.

Schon Bresadola[1]) vereinigte die beiden Arten, und zwar auf Grund von Exemplaren, welche aus Ungarn stammten. Da aber beide Formen wesentlich verschieden sind, so unterzog ich ihre morphologischen Eigenschaften und die Entwickelung der Fruchtkörper einer eingehenderen Beobachtung.

Von Herrn Kmet — aus dessen Sammlung auch das Untersuchungsmaterial Bresadola's stammte — erhielt ich eine große Anzahl von D. mollis-

Fig. 16.

Trametes stereoides (Fr.). 1 : 2.

Exemplaren von verschiedenen Substraten (Buche, Hasel, Birke, Weide, Pappel), und verglich diese mit auf Eisenbahnschwellen gewachsenen Tr. stereoides-Fruchtkörpern, bei welchen Untersuchungen auch die auf meinen Versuchsstücken erschienenen D. mollis-Exemplare ein größeres Vergleichsmaterial darboten. Bei dem Vergleiche zeigte sich tatsächlich, daß der umgebogene Rand der D. mollis-Fruchtkörper zuweilen der Farbe und Form nach mit dem Hute von Tr. stereoides überein-

---

1) Hymenomic. Hung. Kmet. p. 28 (92).

stimmt. Und trotzdem D. mollis gewöhnlich in resupinater Form vorkommt, die Fruchtkörper von Tr. stereoides hingegen als konsolartige Hütchen erscheinen, fand ich auch Übergangsformen, welche beide Arten vereinten. An Eisenbahnschwellen, auf welchen D. mollis erschien, war jedoch zu beobachten, daß, wo immer dieselben durchschnitten wurden, stets weiße oder bräunliche, resupinate Fruchtkörper hervorwuchsen, hingegen entwickelten sich an den von Tr. stereoides befallenen Schwellen-Querschnitten konsequent olivenbraune, konsolförmige Hütchen. Auf Grund dieser Beobachtungen beschrieb ich beide Pilze in meinen vorläufigen Mitteilungen abgesondert. Später aber, besonders nachdem ich von der Bauleitung der kgl. ungar. Staatsbahnen zu Zólyom in größerer Anzahl Schwellen erhielt, welche von Tr. stereoides angegriffen waren, kam ich durch ausgebreitete Kultur dieses Pilzes zu der Überzeugung, daß beide Formen einer Art angehören und daß D. mollis als resupinate Form von Tr. stereoides anzusehen ist. Neben der beschriebenen konsequenten Abweichung waren nämlich auch bei den an ein und derselben Schwelle gewachsenen Fruchtkörpern ebenfalls Verschiedenheiten bemerkbar. Es sei jedoch hervorgehoben, daß die resupinate Form nicht als eine jugendliche, d. h. der typischen vorangehende, sondern als eine paralelle Form zu betrachten ist.

Die Fäden des Tr. stereoides im Holze und deren Wirkung zeigt Taf. III, Fig. 13, in welcher das farblose und das punktierte Mycel sich auf diese Pilzart bezieht. Dasselbe ist von verschiedener Dicke und es kommen an demselben auch Schnallenzellen vor. Die dickeren Fäden sind verhältnismäßig dünnwandig, mit körnigem Inhalte.

Im zersetzten Holze zerfallen die dünner gewordenen Zellwände zu Stücken, die Tüpfel sind erweitert, die Schließhäute verschwunden und das Holz wird zu einem braunen, in Ammoniak lösbaren Stoff. Die rotbraune Farbe der Wandungen wird noch dadurch verstärkt, daß besonders in den Parenchymzellen auch rotbraune Tropfen vorkommen. (Die farbigen Stoffe sind vereinfachungshalber in der Figur nicht dargestellt.)

Das von Tr. stereoides erst wenig angegriffene Buchenholz ist anfänglich licht-gelbbraun und wird nur mit der Zeit dunkler rotbraun. In ganz zersetztem Holze bilden die dicken Markstrahlen die am meisten zusammenhaltenden Teile, welche ich im zerfallenden Holze öfters als zurückbleibende, festere Bänder vorfand. Dies weist darauf hin, daß die Markstrahlen den Pilzen am meisten widerstehen.

Poria vaporaria Fr. [1]).

Die Rotfäule des Buchenholzes wird auch durch Poria vaporaria

---

[1]) Sacc., Sylloge. VI. p. 311. Rabh. Wint., Krypt.-Flora. I. 1. p. 406. Rabh., Fungi eur. ed. nova. ser. 2. 3737.

verursacht, welche seit den Untersuchungen R. Hartigs[1]) besonders als Parasit an Picea excelsa Lk. und Pinus silvestris L. bekannt ist. Im Laufe meiner Untersuchungen erkannte ich in diesem Pilze einen gefährlichen Feind des Buchenholzes, besonders aber der Eisenbahnschwellen.

Das durch P. vaporaria angegriffene Buchenholz (Taf. III, Fig. 12 links) wird rotbraun, es entstehen darin Risse, welche dasselbe in Würfel zerteilen und es läßt sich mit den Fingern zu Mehl verreiben. In den Rissen entsteht ein watteartiges, lockere, dünne Tafeln bildendes Mycel. Solches Holz löst sich in Ammoniak geradeso, wie dies Hartig vom durch P. vaporaria rotfaulen Nadelholze beschrieb.

Die Fruchtkörper von P. vaporaria fand ich an den Querschnitten und Seiten der zu Versuchszwecken an feuchten und schattigen Plätzen gehaltenen Schwellen als dünne Überzüge. Die Länge der Kanäle und damit die Dicke der Fruchtkörper betrug im Maximum 3 mm.

Der dünne Fruchtkörper ist anfangs weiß, später schmutzig gelb, und mit dem Substrate eng verwachsen.

Die Kanäle besitzen eine hautartige, dünne, nackte Wandung. Hartig[2]) konnte die Form der Poren nicht bestimmen, da er nur Fruchtkörper von vertikaler Fläche besaß. Diesbezüglich fand ich an horizontal gewachsenen Fruchtkörpern, daß die Poren bald kreisförmig oder elliptisch, bald 3—5 eckig sind.

Das Mycel im Holze selbst ist, wie es schon Hartig beschrieb, von verschiedener Dicke.

Die von Poria vaporaria verursachte Zersetzung mit der von Tr. stereoides vergleichend, findet man, daß die rotbraune Farbe des von P. vaporaria zersetzten Buchenholzes dunkler, stellenweise beinahe von verkohltem Aussehen ist. Dieses Merkmal ist aber nicht immer sicher zu erkennen und hat überhaupt nur bei vergleichender Betrachtung einen diagnostischen Wert. Infolge dieses Umstandes konnte ich mich über die Häufigkeit des Vorkommens von P. vaporaria anfangs nicht vollständig orientieren. An den vielen, an schattig-feuchter Stelle aufbewahrten rotfaulen Eisenbahnschwellen erschienen aber mit der Zeit zumeist die Fruchtkörper des Tr. stereoides. Hieraus läßt sich folgern, daß dieser Pilz am Buchenholze viel häufiger ist als P. vaporaria, deren Fruchtkörper ich nur in einigen Fällen vorfand.

Im rotfaulen Buchenholze fand ich nebst den Hyphen von Tr. stereoides bezw. P. vaporaria sehr oft die auf Taf. III, Fig. 13 abgebildeten dicken, dunkel- oder lichtbraunen, ziemlich dickwandigen Pilzfäden, und mit diesen im genetischen Zusammenhange verschiedenförmig verdickte, septierte

---

1) Die Zersetzungsersch. d. Holzes. p. 47.
2) Die Zersetzungsersch. d. Holzes. p. 46.

Hyphen und Gemmen, deren manche auch den verdickten Fadenenden von Bispora monilioides C o r d a ähnlich waren.

Die Zugehörigkeit dieses Mycels ist mir unbekannt. W i l l k o m m [1]) beschrieb es irrtümlicherweise als Xenodochus ligniperda und hielt es für die Ursache der Rotfäule verschiedener Holzarten. H a r t i g [2]) fand es an faulenden Wurzeln der Nadelhölzer, schreibt ihm aber keine bedeutendere Rolle zu [3]).

In manchen meiner rotfaulen Buchenhölzer war dieses Mycel sehr verbreitet und die dicken Fäden drangen auch über die Grenzen der Zersetzung in das unversehrte Holz ein. In anderen faulenden Stücken aber fehlte es, und dies weist darauf hin, daß es mit den beschriebenen Pilzen in keiner engen Verbindung steht und bei der Zersetzung nur als sekundärer Parasit beteiligt ist.

Die bei der Weißfäule des Buchenholzes zurückbleibenden weißen, lockeren Fasern wäre man geneigt für Zellulose, den durch die Rotfäule entstandenen morschen Stoff aber für sog. inkrustierende oder Ligninstoffe anzusehen. Die erstere Voraussetzung widerlegt jedoch der Umstand, daß das weißfaule Buchenholz mit Phloroglucin und Salzsäure eine gute Lignin-Reaktion gibt; und weil sich der braune Stoff des rotfaulen Holzes in Ammoniak leicht löst, scheint auch die zweite Annahme unhaltbar zu sein.

Auf mein Ansuchen wurde der Zellulosegehalt des normalen, des erstickten, sowie des weiß- und rotfaulen Buchenholzes durch Herrn Prof. G. B e n c z e in Selmeczbánya bei Anwendung der S c h u l t z e schen Mazerationsflüssigkeit [4]) untersucht und zwar dreimal, wobei immer ein anderes Material genommen wurde. Bei Analyse I wurde das durch Feilen zerbröckelte Holz bei Zimmertemperatur (19—21 ^{0} C) 17 Tage, gelegentlich der Analyse II, bei einer Wärme zwischen 30—40 ^{0} C 11 Tage und schließlich bei Analyse III, bei derselben Wärme, jedoch 14 Tage digeriert. Die unlöslichen Bestandteile wurden getrocknet, abgewogen und verbrannt, wonach dann auch der neben der Zellulose zurückbleibende Aschengehalt bestimmt wurde. Dieser Aschengehalt war ein sehr geringer und ist zu den Lignin-Stoffen gerechnet worden. — Um die Wirkung der Mazerationsfüssigkeit auf die Zellulose auch bei höherer Temperatur zu untersuchen, wurde Analyse IV vorgenommen, wobei das Holz zwei Stunden lang in derselben gekocht wurde. Die Ergebnisse sämtlicher Untersuchungen, von welchen natürlich nur I, II und III maßgebend sein können, sind in Tabelle 4 zusammengestellt.

---

[1]) Die mikrosk. Feinde d. Waldes. p. 67.

[2]) Die Zersetzungsersch. d. Holzes. p. 74, 80, 85, 87. Tab. XI. Fig. 9.

[3]) Die Frage, ob das von W i l l k o m m und H a r t i g beschriebene und abgebildete Mycel und das im Buchenholze vorkommende einer oder mehreren Pilzarten angehört, muß dahingestellt bleiben. Der Gestalt nach scheinen sie identisch zu sein.

[4]) Ein Teil chlorsaures Kali und 15 Teile Salpetersäure von 1,10 spez. Gew.

Tabelle 4.

Zustand des Holzes	I.		II.		III.		IV.	
	Lignin-Stoffe[1])	Zellu-lose	Lignin-Stoffe[1])	Zellu-lose	Lignin-Stoffe[1])	Zellu-lose	Lignin-Stoffe[1])	Zellu-lose
	Prozente							
Normal	55,16	44,84	50,52	49,48	56,23	43,77	68,25	31,75
Erstickt in der Rinde .	—	—	47,39	52,61	50,17	49,83	—	—
„ in aufgearbeitetem Zustande . . .	55,00	45,00	46,83	53,17	53,24	46,76	—	—
Weißfaul (aber noch fest zusammenhaltend) . .	53,08	46,92	53,67	46,33	54,99	45,01	62,80	37,20
Weißfaul (ganz zersetzt)	65,12	34,88	—	—	—	—	—	—
Rotfaul durch Trametes stereoides (noch fest zusammenhaltend) . .	65,08	34,92	—	—	—	—	90,30	9,70
Rotfaul durch Trametes stereoides (ganz morsch)	85,70	14,30	80,22	19,78	84,87	15,13	95,30	4,70
Rotfaul durch Poria vaporaria (ganz morsch)	—	—	78,42	21,58	87,25	12,75	—	—

Aus diesen Ergebnissen ist zu ersehen, daß zwischen dem normalen und erstickten Holze an Zellulosegehalt ein geringer Unterschied ist, und zwar ist der Zellulosegehalt des erstickten Holzes um 0,16—6.06 % höher. Im Verhältnis zum normalen Holze enthält das weißfaule Holz bald mehr, bald weniger Zellulose, besonders aber ist letzteres bei ganz zersetztem weißfaulen Holze der Fall. Bedeutend vermindert sich schließlich der Zellulosegehalt des Holzes durch die von Trametes stereoides und Poria vaporaria verursachte Rotfäule. Solches Holz besteht also, wie es auch sein Aussehen vermuten läßt, hauptsächlich aus in der Schultzeschen Flüssigkeit löslichen Stoffen. Daß durch die Weißfäule das Verhältnis beider Stoffe nicht so bedeutend beeinflußt wird, weist dagegen daraufhin, daß die die Weißfäule verursachenden Pilze (besonders Hypoxylon coccineum und Stereum purpureum) den Zellulose- und Ligningehalt des Holzes fast in gleichem Maße verzehren. Es muß aber hierbei erwähnt werden, daß die obigen Ergebnisse, weil die Untersuchung sich bloß auf drei Analysen erstreckt, nur als annähernd orientierende aufzufassen sind. Bei Analyse IV haben sich fast dieselben Verhält-

---

1) Beziehungsweise Stoffe, welche durch die Schultzesche Flüssigkeit gelöst werden.

nisse ergeben wie bei I—III, die Zellulose wurde aber zugunsten des Ligningehaltes durch die Mazerationsflüssigkeit teilweise aufgelöst.

Außer den bisher beschriebenen Saprophyten des Buchenholzes kommt an diesem noch eine ganze Reihe von Pilzen vor. Im XIII. Bande der „Sylloge" Saccardos sind als Bewohner des Rotbuchenholzes mehrere hundert Pilze aufgezählt. Diese Pilze siedeln sich aber größtenteils nur an schon zersetztem Holze an, und setzen die zerstörende Arbeit der oben angeführten Arten fort, wobei ihnen auch verschiedene Bakterien behilflich sind, bis schließlich das Holz zerfällt. Ich muß hier jedoch bemerken, daß ich Bakterien, welchen beim Erstickungsprozesse oder in den ersten Zersetzungsstadien eine nennenswerte Rolle zuzuschreiben wäre, in keinem einzigen Falle vorfand[1]).

Die atmosphärischen Einwirkungen befördern die zerstörende Arbeit der Pilze ebenfalls: das Regenwasser, der Frost, der Wechsel zwischen Durchnässung und Austrocknung sind alle von zerstörender Wirkung. Außer diesen sind natürlich die mechanischen Einwirkungen: als Druck, Schlag, Erschütterung usw. auch in Betracht zu nehmende Faktoren, die besonders bei Eisenbahnschwellen eine große Rolle spielen. Indem diese mechanischen Wirkungen schon gesundes Holz beeinflussen, ist ihre Wirkung in von Pilzen bereits angegriffenem Material um so schädlicher. Aus diesem Grunde kann die Mitte schon angegriffener Schwellen noch genügend fest sein, während die Aufliegestellen der Schienen bereits zerstört sind. Der derart frühzeitig zerstörte Teil der Schwellen wird durch das eindringende Wasser, sowie niedere Organismen und fremde Stoffe zu dunkel gefärbtem Mulm verwandelt.

An den mit Zinkchlorid imprägnierten Eisenbahnschwellen wurde nun die Erfahrung gemacht[2]), daß sie unter den Schienen und besonders in der Umgebung der Schienennägel bereits der Zerstörung anheimfallen, wenn die anderen Teile der Schwelle noch nicht das geringste Zeichen von Zersetzung zeigen. Zur Erklärung dieses Umstandes wies Grittner[3]) darauf hin, daß unter Zusammenwirkung von Eisen, Zinkchlorid und Wasser Salzsäure entstehe und daß die rasche Zersetzung des Holzes, welche sich nach Grittner in der Richtung der Fasern auch im Innern des Holzes fortsetzt, eine Folge dieses Umstandes sei.

Ich beobachtete an derartig imprägnierten Schwellen in zahlreichen Fällen, daß sich unter den Schienen, in dem vom Eisen und Tannin

---

[1]) Die Annahme Heinzerlings (Die Konservierung des Holzes. p. 136), daß bei der Zersetzung des Holzes auch Bakterien tätig seien, scheint überhaupt ausgeschlossen zu sein.

[2]) Heinzerling, Die Konservierung des Holzes. p. 153. Grittner, Ztschr. f. angew. Chemie. 1891, H. 14. Polifka J., A Magy. Mérn. és Épitész Egylet Közlönye (Zeitschr. des ung. Ing.- u. Architekten-Vereins). 1902, p. 15.

[3]) l. c.

schwarz gefärbten Holze ein lebendes Pilzmycel vorfindet; indem ich nun voraussetzte, daß eventuell entstehende Salzsäure diese Pilzfäden töten müßte, machte ich in dieser Richtung Versuche und behandelte einige Schwellen durch ein Bohrloch mit verschieden verdünnter Salzsäure.

Zu diesem Zwecke verwendete ich auch Schwellen, von welchen ich wußte, daß ihr ganzes Gewebe von Hypoxylon coccineum durchzogen war. Die von Zeit zu Zeit eingefüllte Salzsäure griff das Holz natürlicherweise an. Die Pilzfäden gingen aber infolge der Wirkung der Salzsäure auch zugrunde und blieben nur an jenen Stellen am Leben, wohin die Salzsäure nicht hindrang.

Im Gegensatze hierzu fand ich in Schwellen, welche mit Zinkchlorid imprägniert waren und unter den Schienen der Zersetzung anheimfielen[1]), nie eine ähnliche Erscheinung, sondern es war vielmehr auch in nächster Nähe der Nägel und Schienen eine gewöhnlich leicht erkennbare, von Pilzen verursachte Zersetzung vorhanden, was nicht nur an der Farbe des zersetzten Holzes, sondern auch an den anatomischen Veränderungen desselben zu erkennen war. An diesen Stellen fand ich nämlich entweder die in Figur 11 abgebildete charakteristische Struktur des weißfaul gewordenen Holzes, oder aber die von Trametes stereoides oder Poria vaporaria verursachte Rotfäule. Die mit Salzsäure behandelten Holzstücke hingegen boten sowohl dem freien Auge, als auch unter dem Mikroskope einen vollständig abweichenden Anblick. In diesem Holze wird nämlich der Zusammenhalt der Zellen gelockert und die Zellwandungen werden plastisch; Auskerbungen der Zellwände aber, wie bei der von Pilzen verursachten Zersetzung entstanden hier nicht.

In den untersuchten Schwellen konnte also die Zersetzung unter den Schienen nicht von Salzsäure herrühren. Hier wirkte nämlich derselbe Umstand mit, welcher im allgemeinen schon oben erwähnt wurde. Das durch die Pilze geschwächte Holz wurde von den unter den Schienen und um die Nägel herum in erhöhtem Maße zur Geltung kommenden gewaltigen Erschütterungen zerrüttet.

Nach den bisherigen Auseinandersetzungen sind es also die beschriebenen Pilzarten, welche die rasche Zersetzung des Rotbuchenholzes verursachen, und demgemäß muß sich auch eine zweckmäßige Konservierung in erster Linie gegen diese Feinde des Holzes richten. Alles vor Augen haltend, was wir über die anatomische Struktur und die Zersetzung des Rotbuchenholzes bisher erfuhren, wollen wir im folgenden die Konservierung desselben behandeln.

---

[1]) Ich untersuchte mehrere solche Schwellen von den Linien der Bahnbauleitung zu Zólyom, welche im Jahre 1897 imprägniert wurden und vier Jahre im Gebrauche standen.

Die Konservierung des Rotbuchenholzes.

In diesem Kapitel soll besonders die Imprägnierung des Buchenholzes besprochen werden, jedoch nur soweit, als es notwendig ist, um die praktische Bedeutung der vorher beschriebenen botanischen Ergebnisse erörtern zu können.

Wenn die Buchen-Erzeugnisse gegen das Ersticken mit Erfolg geschützt und auch bereits ausgetrocknet sind, ist das Holz zwar dauerhafter als frisch gefälltes, aber den atmosphärischen Einflüssen ausgesetzt, wird auch dieses in 2—3 Jahren von Pilzen angegriffen und allmählich zerstört. Aus diesem Grunde muß das der Feuchtigkeit ausgesetzte Buchenholz möglichst gründlich konserviert werden und zwar ist das entsprechende Verfahren unter den verschiedenen Imprägnierungs-Methoden zu suchen.

Die Methoden der Imprägnierung sind besonders von technischen Gesichtspunkten aus schon anderorts und eindringlich beschrieben und ich weise diesbezüglich auf die Arbeiten von Heinzerling[1]), Buresch[2]), Alten[3]) und anderer hin.

Vom pflanzen-anatomischen Standpunkt aus hat sich besonders Strasburger[4]) mit dieser Frage befaßt und seine Resultate waren zum Teil auch die Ausgangspunkte meiner Arbeit.

Die einfachste Imprägnierungsmethode ist die Imprägnierung durch Imbibition, wobei das Holz einfach in die konservierende Flüssigkeit gelegt wird. Diese Methode kann beim Buchenholze nur dann in Betracht kommen, wenn man dasselbe nur für kurze Zeit gegen Pilze schützen will (z. B. gegen das Ersticken). Bei diesem Verfahren dringt nämlich die antiseptische Flüssigkeit nur in die äußeren Teile ein und die inneren können der Zersetzung alsbald zum Opfer fallen. Die hierzu verwendete Flüssigkeit kann jedwelche der bekannten Konservierungsflüssigkeiten sein. Wenn von frischem Holze die Rede ist, so sind Metallsalzlösungen zweckmäßig, welche das Austrocknen der inneren Teile des Holzes gestatten, dagegen sind die Öle, welche dasselbe verhindern würden, nur bei bereits trockenem Holze zulässig. Bei dieser Methode bewährte sich besonders der Gebrauch einer 0,5—2,0 %igen Sublimatlösung.

Die Imprägnierung durch Aszension ist schon vollkommener. Bei diesem Verfahren führt die wasserleitende Kraft des lebenden Baumes

---

1) Die Konservierung des Holzes. Halle 1885.
2) Der Schutz des Holzes. Dresden 1880.
3) Versuche und Erfahrungen mit Rotbuchen-Nutzholz. Berlin 1895.
4) Über den Bau und die Verrichtungen der Leitungsbahnen etc. Jena 1891. p. 958.

die Konservierungsflüssigkeit in das Holz. Durch dieses Verfahren können aber nur jene äußeren Teile des Buchenholzes entsprechend imprägniert werden, welche an der Leitung des Transpirationswasserstromes teilnehmen. Die inneren Teile dickerer Stämme bleiben also unimprägniert[1]).

Außerdem kann dieses Verfahren auch darum nicht ganz entsprechen, weil sich die Imprägnierungsflüssigkeit in den Elementen des Holzes mit dessen Wassergehalt mengt. Ein Nachteil des Verfahrens ist ferner, daß es nur im Sommer, solange die Bäume belaubt sind, anwendbar ist. Und weil schließlich jeder Stamm einzeln und längere Zeit behandelt werden muß, bleibt diese Methode für größere industrielle Betriebe ungeeignet. Im kleinen, zur Konservierung dünnerer Stämme, ist sie dagegen mit gutem Erfolge verwendbar.

Diesem Verfahren steht die Imprägnierung durch Filtration nahe. Sie besteht darin, daß man die Konservierungsflüssigkeit mittelst hydraulischem Drucke von einer Stirnfläche des Stammes aus durch denselben preßt. Das Holz muß frisch gefällt sein, damit die wasserleitenden Elemente noch voll von Wasser seien. Die eingepreßte Flüssigkeit dringt, die Baumsäfte vor sich schiebend, durch alle offenen Gefäße hindurch und gelangt durch die Tüpfel auch in die benachbarten Elemente.

Dieses Verfahren ist besser als das vorige, denn die Imprägnierungsflüssigkeit dringt nicht nur in die an der Wasserleitung teilnehmenden äußeren Holzmäntel, sondern in alle jene wasserleitenden Elemente, welche offen, d. h. mit Thyllen und Holzgummi nicht ausgefüllt sind (Strasburger, l. c. p. 969), kann aber auch nur bei frischem Holz und bis zum Eintritt der Fröste verwendet werden. Die Imprägnierungsflüssigkeit dringt auch hier in das wasserhaltige Holz, wodurch die Konzentration der Flüssigkeit leidet. Für größere industrielle Betriebe taugt auch dieses Verfahren nicht, obgleich das Buchenholz hiermit zur Genüge konserviert wird; im kleinen ist aber diese Methode ebenfalls mit gutem Erfolge anwendbar.

Bei den letztbeschriebenen beiden Verfahren werden Metallsalze und zwar besonders Kupfervitriol gebraucht. Ein bedeutender Vorzug dieser Methoden ist, daß sie keine teueren Einrichtungen bedingen.

Die vierte und bei richtiger Anwendung zugleich vollkommenste Methode ist die Imprägnierung durch Injektion. Sie besteht darin, daß man aus dem Gewebe des Holzes die Luft auspumpt und an deren Stelle die Imprägnierungsflüssigkeit einpreßt. Im Gegensatze zu den

---

[1]) Nach den Untersuchungen Strasburgers (l. c. p. 618) saugte ein 20 m hoher, 21 cm dicker, beiläufig 65 jähriger Buchenstamm binnen 16 Tagen 35 l zehnprozentige Kupfervitriollösung auf. Der am unteren Teile des Stammes in der Mitte unimprägniert gebliebene Teil war von 5 cm Durchmesser; dieser Teil wuchs in der Höhe von 9 m zu 8 cm im Durchmesser und nahm in 12 m Höhe wieder bis 3,5 cm ab.

vorigen ist daher dieses Verfahren bei ganz fertigen, trockenen Erzeug-
nissen, wann immer anwendbar. Die Wege der Imprägnierungsflüssigkeit
bilden auch hier hauptsächlich die wasserleitenden Elemente des Holzes,
und zwar hauptsächlich die Gefäße, in welche die Flüssigkeit an den beiden
Stirnflächen des Holzstückes eindringt und sich von denselben aus durch
die Tüpfel auch in die benachbarten Fasertracheiden und parenchymatischen
Elemente verbreitet.

Zur Imprägnierung dienen hierbei die verschiedensten Einrichtungen
und Verfahren, auf die hier näher einzugehen, nach den ausführlichen
Beschreibungen der erwähnten Autoren, unnötig erscheint. Darum beschränke
ich mich bloß auf die Beschreibung meiner Untersuchungen.

Vor allem schien es wichtig zu untersuchen, o b e s z w e c k m ä ß i g
s e i , d a s H o l z i n f r i s c h e m , b e z i e h u n g s w e i s e f e u c h t e m Z u -
s t a n d e z u i m p r ä g n i e r e n , oder ob es vorteilhafter sei, trockenes
Material zu verwenden?

Die Imprägnierung im frischen Zustande erscheint vorteilhaft, weil
das Holzmaterial nicht lange am Lager zu liegen hat, demzufolge auch das
Ersticken und die Zersetzung des Holzes nicht zu befürchten ist, und weil
das Imprägnieren im frischen Zustande sich billiger stellt, da weniger
Imprägnierungsstoff notwendig ist, als bei ausgetrocknetem Holze. Wenn
wir aber die durch das Imprägnieren frischen Holzes erreichbaren Resultate eingehender untersuchen, so finden wir, daß dieses Verfahren neben
den erwähnten Vorteilen auch sehr wesentliche Nachteile zeigt. In
erster Reihe ist es ein großer Nachteil, daß der Wassergehalt des frischen
oder nur teilweise ausgetrockneten Holzes die vollständige Durchtränkung
desselben hindert. Infolgedessen verfällt das im frischen Zustande imprägnierte Holz durch jene Pilze, welche durch Risse, Nagellöcher etc. eindringen, in seinem Inneren alsbald der Zersetzung. Über solche, innen
ausgefaulte Schwellen hört man oft klagen; ich fand bei meinen Untersuchungen ebenfalls mehrere derartige Exemplare.

Den Wassergehalt des frischen Holzes trachtet man bei dem O tt-
schen Imprägnierungsverfahren derart auszutreiben, daß das in Kessel ge-
legte Holz 3—4 Stunden lang in erhitztem Öle von 100—110⁰ C getrocknet wird. Infolge dieser Prozedur entfernt sich tatsächlich viel Wasser,
welches sich im Kondensator sammelt und gemessen werden kann.

Dieses Verfahren überprüfte ich auf der Imprägnierungsanstalt
Perecsény der kgl. ungar. Staatsbahnen, an Eisenbahnschwellen. Die Resultate bewiesen, daß das Innere des Holzes auch nach dem Kochen
feucht blieb, welcher Umstand, je nach dem Grade der Feuchtigkeit, das
Imprägnieren der inneren Teile mehr oder weniger hinderte.

Diese Versuche stellte ich im August 1903 mit Schwellen an, welche
noch feucht waren: das Innere der in der Mitte durchsägten Schwellen wies
nämlich nasse Flecke auf. Die einzelnen Stücke standen 3¹/₂′ Stunden

lang in erhitztem Öl von 100—122° C, in welchem Zeitraume je eine
Schwelle 3,9—5,6 kg, im Durchschnitte also 4,5 kg Wasser verlor. Dies
machte rund 4% des Holzgewichtes aus. Nach den Angaben von
Weber und Hartig[1]) aber enthält das lufttrockene Buchenholz noch
11—13% hygroskopisches Wasser, woraus man darauf folgern kann, daß
im Innern obiger Schwellen noch sehr viel hygroskopisches und flüssiges
Wasser zurückleiben mußte. Diese inneren Teile blieben von zehn untersuchten Schwellen in sieben Stücken mehr oder weniger unimprägniert
und fielen an den von Öl dunkelgefärbten Querschnitten als weiße
Flecke auf.

Das frischgefällte oder noch nasse Buchenholz ist
daher zur Imprägnierung durch Injektion mittelst der bisher bekannten Imprägnierungs-Verfahren aus den angeführten Gründen nicht geeignet. Gegen die Imprägnierung frischen
Holzes spricht übrigens auch der Umstand, daß dasselbe schon an und für
sich weniger haltbar ist, als trockenes Holz, und es ist jedenfalls auch die
Imprägnierung erfolgreicher, wenn dazu ein schon an sich dauerhafteres
Material verwendet wird.

Das Innere der in nicht trockenem Zustande imprägnierten Eisenbahnschwellen wird oft schon in 2—3 Jahren von Pilzen zersetzt.

Von der Zersetzung des Buchenholzes erfuhren wir schon vorher,
daß sie viel rascher vor sich geht, wenn die Pilze das Holz im frischen
Zustande angreifen, als wenn das Holz vorher schon austrocknete. Von
diesem Gesichtspunkte aus wäre es nun wichtig zu bestimmen, ob durch
das Trocknen in heißem Öle oder durch das weiterhin zu besprechende
Dämpfen die schon eingedrungenen Pilzfäden getötet werden, oder ob
dieselben im Inneren des Holzes, allerdings bloß teilweise, trotz der angewendeten Hitze am Leben bleiben. Im ersteren Falle wäre das
Innere des Holzes der auf das Ersticken folgenden raschen Zersetzung ausgesetzt; sollten dagegen die Pilzfäden durch die Hitze aus dem
Holze ganz ausgerottet werden, so würde das feuchte Innere des Holzes
unter dem Schutze der äußeren, gut imprägnierten Teile im sterilen Zu
stande austrocknen. Solche Holzstücke müßten dann nach den Angaben
auf Seite 53 auch bei mangelhafter Imprägnierung wenigstens 4—5 Jahre
dauern [2]).

Wenn wir nun die Erfahrung machen, daß die mangelhaft imprägnierten Eisenbahnschwellen manchmal schon in 2—3 Jahren unbrauchbar

---

[1]) Das Holz der Rotbuche. p. 139.

[2]) Die ausgetrockneten Schwellen waren zwar bei meinen Versuchen schon in
$2^{1}/_{2}$ Jahren ziemlich angegriffen, sie wurden aber ein halbes Jahr im warmen Treibhause gehalten, was im freien Bahnkörper ca. einer 1—2 jährigen Benützung gleich-
kommt. Überdies waren sie aber auch nicht imprägniert.

werden, so müssen wir folgern, daß die Pilzfäden in denselben, trotz der Erhitzung in Öl oder im Dampfe, am Leben geblieben sind.

Um hierüber Aufschluß erhalten zu können, habe ich aus dem Inneren gedämpfter und in heißem Öle getrockneter, erstickter Schwellen kleine Prismen geschnitten und in Kulturgläser gelegt. An diesen Stücken konnte man stets hervorwachsendes Mycel beobachten. Es gelang mir sogar an einem Stücke, welches aus der Mitte einer mir von Perecsény zugesendeten und in erhitztem Öl getrockneten Schwelle geschnitten wurde, die Fäden des Hypoxylon coccineum bis zum Erscheinen der Fruchtkörper-Anfänge weiter zu züchten. Dieses Ergebnis kann mit den Untersuchungen von Buresch nicht vereinbart werden. Diese haben nämlich gezeigt[1]), daß in Eisenbahnschwellen, welche 3 Stunden lang gedämpft wurden, das bei 98—99° C schmelzende Rose-Metall in einer Tiefe von 75 mm vollständig, und in einer Tiefe von 100 mm teilweise geschmolzen ist. Da die Höhe der Eisenbahnschwellen ca. 15 cm beträgt, so sollten sie nach dreistündigem Kochen in 100—110° C warmem Öle auch in ihrem Inneren bis auf 100° C erhitzt werden, und in diesem Falle sollten daselbst auch die Pilzfäden zugrunde gehen. — Bei den von mir untersuchten gedämpften Schwellen, welche nur eine Stunde gedämpft wurden, wird sich die Sache natürlich anders verhalten; diesbezüglich habe ich aber leider keine Angaben. Bezüglich der ersteren, in Öl getrockneten Eisenbahnschwellen aber wäre es ebenfalls noch zu untersuchen, ob im Inneren solcher Schwellen, welche inmitten dicht auf- und nebeneinander geschichteter Haufen liegen — wie man sie im großen Betriebe in die Kessel zu bringen pflegt — der Hitzegrad von 100° C wirklich erreicht wird oder nicht?

Die vorher erwähnten Kulturversuche wiederholte ich unlängst und verglich diesbezüglich neun erstickte, also von Pilzfäden durchzogene Schwellen, von welchen drei Stücke 1 Stunde lang gedämpft, drei 3 Stunden lang in 100—110° C warmen Öle gekocht wurden und drei unbehandelt blieben.

An den in Kulturgläser gelegten Prismen waren schon am dritten Tage Pilzfäden zu beobachten und zwar auffallend üppig nur an einem nicht erhitzten Stücke; während die zwei anderen, sowie auch die sechs erhitzten Stücke nur spärlich auftretendes, zartes Mycel zeigten. In einigen Tagen habe ich aber konstatiert, daß alle Stücke durch Schimmelpilze infiziert waren und zwar ist dies zweifellos beim Auschneiden, bezw. beim Einlegen der Stücke in die Gläser geschehen.

Es sei hier bemerkt, daß ich in einem Zimmer arbeitete, dessen Boden, um das Aufstäuben von Sporen zu verhindern, mit Wasser bespritzt wurde, daß ich ferner die Prismen unter dem Schutze eines sterilen

---

[1]) **Heinzerling,** Die Konservierung des Holzes. p. 98.

Papierstückes zurichtete und dieselben erst nach vorherigem Flambieren im Inneren eines Hansenschen sterilen Kastens in die ebenfalls sterilen Gläser legte. Trotz all dieser Vorsicht gelang es aber — weil die Manipulation zu umständlich ist — nicht, die Infektion zu vermeiden, weshalb ich also die besprochene Frage nicht mit Bestimmtheit beantworten kann. Dies muß einer sich einerseits auf die Lebensfähigkeit des Mycels der betreffenden Pilze, andererseits auf das Eindringen der Wärme in das Holz beziehenden speziellen Untersuchung überlassen bleiben.

Die Untersuchungen über die Imprägnierung des trockenen Buchenholzes unternahm ich an 26 cm hohen und 5 cm breiten Prismen. Die Ergebnisse dieser Versuche sind zwar nicht ohne weiteres auf die mit Hilfe der gebräuchlichen Einrichtungen und Verfahren vollzogene Imprägnierung größerer Holzstücke übertragbar; auf letztere Weise aber, d. h. in großen Kesseln, mit größeren Holzstücken und der gebräuchlichen, mehr oder weniger unreinen Imprägnierungsflüssigkeit etc. lassen sich Versuche, welche über die Beziehungen zwischen Imprägnierung und anatomischer Struktur des Holzes einen entsprechenden Aufschluß geben würden, nicht ausführen. Aus diesem Grunde gebrauchte ich zu diesem Zwecke kleinere Holzstücke und eine Glaseinrichtung, als Imprägnierungsflüssigkeit aber mit Eosin gefärbtes destilliertes Wasser.

Der Apparat (Fig. 17) bestand aus einer dickwandigen Glasglocke mit geschliffenem Rande, welche ich auf eine präzis gehobelte, dicke Kupferplatte stellte.

Unter der Glasglocke stand ein die Imprägnierungsflüssigkeit enthaltendes, mensuriertes Glas. In dieses wurde das zu imprägnierende Holzstück gestellt und mittelst eines, aus der Flüssigkeit herausragenden Drahtgestelles und des hierauf gelegten Gewichtes unter das Eosinwasser getaucht. Am Boden des Glases lag eine mit emporragenden Spitzen versehene Blechplatte, damit der untere Querschnitt des Holzstückes nicht auf dem Glase aufliege, und seine Gefäße der Flüssigkeit zugängig seien. Zum Auspumpen der Luft diente eine Wasserstrahlpumpe. Zwischen diesen Apparat und die Glasglocke war eine in Quecksilber gestellte und in den Höhen von 60 und 70 cm mit Millimetereinteilung versehene Glasröhre eingeschaltet. Nach dem Abschließen des Wasserstrahles stieg das Quecksilber in der Glasröhre und zeigte das tatsächliche Vakuum unter der Glasglocke. Dies diente zur Kontrolle des Manometers. Nachdem das Holzstück in das Eosinwasser (1 l Wasser u. 2 g Eosin) gesenkt und die Glasglocke mit Talg gut an die Kupferplatte geklebt war, brachte ich die Luftpumpe in Tätigkeit und hielt entsprechende Zeit hindurch, gewöhnlich 20 Minuten, ein Vakuum von 65 cm aufrecht, während dessen sich die Luft schäumend aus dem Holze entfernte.

Nach Beendigung des Pumpens wurde der Hahn der Glasglocke geöffnet, wodurch die Luft eindrang und die Flüssigkeit in die luftleeren

Zellen des Holzes preßte. Darauf ließ ich die Stücke noch fünf Minuten lang in der Flüssigkeit. Während dieser Zeit war ein zwar langsames, aber fortwährendes Eindringen des Wassers wahrzunehmen.

Die Menge der durch das Holz aufgenommenen Flüssigkeit läßt sich, infolge plötzlicher Ausdehnung des Holzes, an der am Glase befindlichen Skala nicht messen, sondern ist bloß durch Abwägen zu bestimmen. Die Einteilung benötigt man aber dennoch zur Feststellung des Rauminhaltes des Holzes vor und nach der Imprägnierung, außerdem aber auch

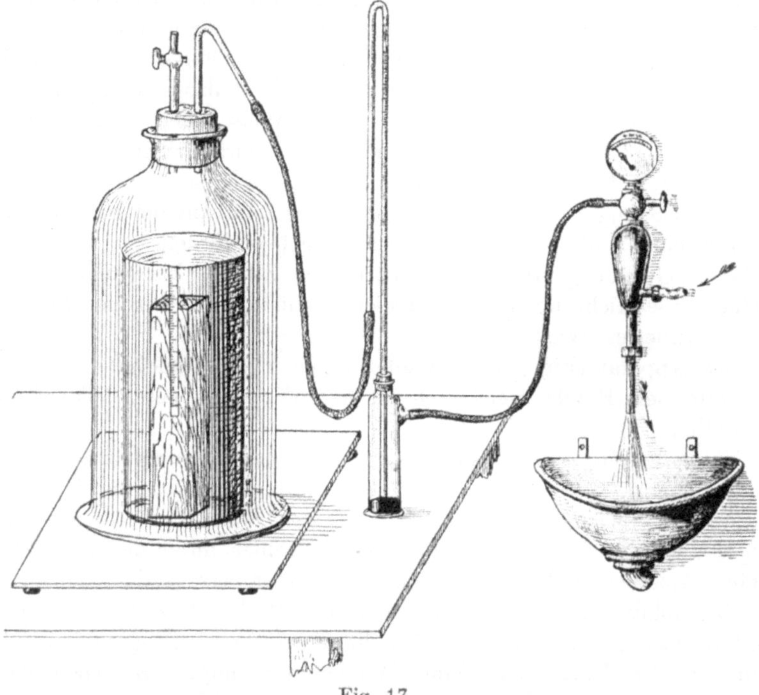

Fig. 17.

Apparat, mit welchem die kleinen Holzprismen imprägniert wurden.

zur Bestimmung anderer Daten und auch zur annäherungsweisen Kontrolle der durch das Abwägen gewonnenen Resultate.

Die Ergebnisse der mit diesem Apparate durchgeführten Experimente sind in Tabelle 5 zusammengestellt[1]), in welcher Nr. 1—21 sich auf Holzstücke beziehen, welche zwei Jahre in der Zimmerluft trockneten, Nr. 22 hingegen betrifft ein frisch geschnittenes, in der Zimmerluft nur zwei Tage lang gehaltenes Prisma.

---

[1]) In sämtlichen Tabellen sind folgende Abkürzungen gebraucht: a. = alt, g. = gesund, j. = jung, m.A. = mittleren Alters, e. = erstickt, f.K. = falscher Kern.

Tabelle 5.

Nr.	Gewicht g	Raum-inhalt cm³	Spezifisch. Gewicht	Gewicht g	Raum-inhalt cm³	Spezifisch. Gewicht	Die Quantität der aufgenommenen Flüssigkeit		Volumzunahme infolge der Imprägnierung		Beschaffenheit der Prismen
	vor der Imprägnierung			nach der Imprägnierung			cm³	in Prozenten des Rauminhaltes	cm³	in Prozenten des Rauminhaltes des trocknen Holzes	
1	278,6	474	0,59	592,7	532	1,11	313,5	66,1	58	12,2	a. g.
2	322,9	459	0,70	587,0	527	1,11	263,6	57,4	68	14,8	„ „
3	311,5	457	0,68	587,5	530	1,11	275,4	60,3	73	16,0	„ „
4	307,9	457	0,67	588,2	518	1,14	279,7	61,3	61	13,5	„ „
5	307,6	449	0,69	580,1	516	1,12	272,0	60,6	67	14,9	j. „
6	303,3	456	0,66	583,5	518	0,93	279,6	61,3	62	13,6	a. e.
7	314,6	456	0,69	596,0	526	1,13	280,8	61,6	70	15,2	m.A. e.
8	302,1	454	0,66	580,3	518	1,12	277,7	61,2	64	14,1	„ „
9	315,8	447	0,71	588,0	512	1,15	271,7	60,8	65	14,5	„ „
10	323,0	446	0,72	576,2	503	1,15	252,7	56,6	57	12,8	„ „
11	304,8	455	0,67	365,0	—	—	60,1	13,2	—	—	„ f.K.
12	313,9	461	0,68	432,0	486	0,89	117,9	25,6	25	5,4	2/3 „
13	296,1	459	0,65	466,8	495	0,94	170,4	37,1	36	7,8	„
14	308,0	465	0,66	452,0	495	0,91	143,7	30,9	30	6,5	„
15	328,6	452	0,73	448,0	—	—	119,2	26,4	—	—	3/4 „
16	314,7	458	0,69	524,7	502	1,05	209,6	45,8	44	9,6	1/2 „
17	317,8	441	0,72	479,3	—	—	161,2	36,6	—	—	„
18	321,6	444	0,72	382,0	460	0,83	60,3	13,6	16	3,7	In d. Rinde e. a.
19	273,6	409	0,67	319,3	439	0,73	45,5	11,1	30	7,3	„ „ „ „ „
20	269,0	403	0,67	321,0	427	0,75	51,8	12,9	24	5,8	„ „ „ „ „
21	230,3	458	0,50	550,2	483	1,14	319,3	69,7	25	5,5	Weißfaul
22	372,9	460	0,81	557,2	483	1,15	184,3	40,1	23	5,0	Frisches Holz, welches nur zwei Tage trocknete.

Aus diesen Experimenten ließ sich feststellen, daß an der Luft gut ausgetrocknetes, gesundes Buchenholz infolge der beschriebenen Imprägnierung durchschnittlich eine Flüssigkeitsmenge aufnahm, welche 61 % des Rauminhaltes des trockenen Holzes gleichkam, wodurch sein spezifisches Gewicht sich von durchschnittlich 0,67 auf 1,12 erhöhte, sein Rauminhalt aber um 14,3 % des ursprünglichen Rauminhaltes wuchs. Wenn wir die aufgenommene Quantität mit dem Rauminhalte der Gefäße vergleichen, welchen Hartig mit 17—63 % des Holzvolums bestimmte, so können wir folgern, daß die Imprägnierungsflüssigkeit nicht nur die Gefäße ausfüllte, sondern auch in die Lumina der anderen Holzelemente eindrang. Dies bewiesen auch die mikroskopischen Untersuchungen, indem in den Präparaten außer den Gefäßen auch die Tracheiden und die Libriform- und Parenchym-Zellen rot gefärbt waren; nur in die dicken Markstrahlen drang die Flüssigkeit nicht genügend ein.

Die obigen Berechnungen beziehen sich auf die in Tabelle 5 unter Nr. 1—5 angeführten gesunden, nicht falschkernigen Splint-Stücke, welche auch beweisen, daß die Schwankungen im spezifischen Gewichte des trockenen Holzes (0,59—0,70) sich im spezifischen Gewichte des imprägnierten Holzes ausgleichen, woraus folgt, daß das schwerere Holz weniger, das leichtere aber mehr Imprägnierungsflüssigkeit aufnimmt. Dies erklärt sich bei den trockenen Stücken durch jene anatomische Eigenschaft, wonach im schwereren Holze der Anteil der Gefäße geringer, im leichteren Holze aber größer ist. Bei dem unter Nr. 22 angeführten nassen Stücke spielt überdies auch der Umstand eine Rolle, daß der Wassergehalt des frischen Holzes die Menge der eindringenden Imprägnierungsflüssigkeit vermindert hat, und zwar derart, daß das spezifische Gewicht des imprägnierten Stückes jenem der in trockenem Zustande imprägnierten Stücke annähernd gleich ist.

Aus den Experimenten wurde ferner klar, daß teilweise auch der falsche Kern imprägniert werden kann. Unter den falschkernigen Stücken Nr. 11—17 waren nämlich die gänzlich aus falschem Kerne bestehenden Stücke (Nr. 11, 13, 14, 17), wenn auch in geringererem Maße, aber dennoch imprägnierbar, indem diese Stücke eine Flüssigkeitsmenge aufnahmen, welche 13,2—37,1 % ihres Trockenvolums betrug. Dieses Resultat steht sowohl mit der Behauptung Hartigs[1]), als auch mit jener Herrmanns[2]) im Gegensatz. Strasburger[3]) glaubt, daß

---

[1]) Holzuntersuchungen, Altes und Neues. p. 15.
[2]) Über die Kernbildung bei der Rotbuche. Ztschr. für Forst- und Jagdwesen. 1902, p. 597.
[3]) Über die Verrichtungen der Leitungsbahnen etc. p. 984.

der falsche Kern teilweise imprägnierbar sei und setzt dabei voraus, daß die Menge der mit Holzgummi ausgefüllten Gefäße veränderlich sei; aus dieser Ursache ließe sich der eine falsche Kern mehr, der andere weniger imprägnieren. Ohnacker[1]) hat zwar experimentell ebenfalls festgestellt, daß sich der falsche Kern teilweise imprägnieren läßt; über die anatomischen Eigenschaften, welche diesbezüglich entscheidend sind, gaben jedoch seine Versuche keinen Aufschluß.

Hierüber gaben nun meine, mit Eosin-Wasser durchgeführten Imprägnierungsversuche vollständige Aufklärung. Man konnte nämlich nach Aufspalten der Prismen sehen (Taf. I, Fig. 3), daß während die äußeren, dunkleren Zonen des falschen Kernes sich überhaupt nicht imprägnieren ließen, die inneren Teile, in welchen weniger Thyllen und Holzgummi vorkamen, und mithin der Verschluß der Gefäße und der Tüpfel weniger vollkommen war, von der Imprägnierungsflüssigkeit vollständig durchdrungen waren. Dies beleuchtet auch aus pflanzen-anatomischen Gesichtspunkten die Struktur des falschen Kernes und beweist, daß der falsche Kern pathogen und ungleichartig ist. Fig. 3 auf Taf. I zeigt einen Würfel, welcher aus der Mitte eines mit Eosin-Wasser imprägnierten falschkernigen Prismas geschnitten wurde. Der rechtsseitige rote Teil gehört noch dem Splinte an, von diesem an aber folgen nach innen die dunkleren und lichteren Zonen des falschen Kernes. Der Splint und die lichteren Zonen des Kernes sind rot, d. h. vom Eosin-Wasser durchdrungen; die dunkleren Zonen blieben dagegen unimprägniert.

Die bei diesen Versuchen angewendete Imprägnierungsmethode ist also nach dem Gesagten nicht nur mit Rücksicht auf jene Fragen von Bedeutung, welche bezüglich der Konservierung des Holzes auftauchen können, sondern ist im allgemeinen bei so manchen anatomischen Untersuchungen des Holzes auch dann mit Vorteil anzuwenden, wenn hierbei rein botanische Zwecke verfolgt werden.

Der nicht imprägnierbare Teil des falschen Kernes ist, wie wir dies schon in dem Abschnitte über den falschen Kern sahen, von verschiedener Ausdehnung. Diese nicht imprägnierbaren Teile sind schon von Natur aus am besten konserviert und am dauerhaftesten. Man macht nämlich die Erfahrung, daß auch dann, wenn der falsche Kern in Zersetzung übergeht, diese dunkleren, nicht imprägnierten Zonen noch lange wohlerhalten bleiben. Taf. III, Fig. 12 zeigt ein Holzstück, an dessen rechter Seite die Weißfäule schon in den falschen Kern eingedrungen ist, die den Rand des Kernes bildende äußere Zone aber der Zersetzung bisher widerstand.

Aus dem, was über die Imprägnierung und Dauerhaftigkeit des falschen Kernes bisher gesagt wurde, folgt nun, daß man den falschen Kern

---

1) Zur Buchenschwellenfrage. Allgem. Forst- und Jagdzeitung. 1889, p. 129.

zu Eisenbahnschwellen oder ähnlichen Zwecken, bei nicht zu kostspieligen Imprägnierungsverfahren, welche eine Dauerhaftigkeit des Holzes von nicht mehr als 8—10 Jahren gewährleisten, getrost verwenden kann; denn die minder dauerhaften Teile nehmen die Imprägnierungsflüssigkeit auf und die unimprägniert bleibenden, dunkleren Teile sind an sich schon dauerhafter. Hingegen soll man bei kostspieligeren Imprägnierungsverfahren, bei welchen die Dauerhaftigkeit des Buchenholzes bis zu 25 und mehr Jahren gesichert wird, falschkerniges Holz womöglich nicht verwenden. An Eisenbahnschwellen darf bei derartiger Imprägnierung der falsche Kern nur an der unteren Seite vorkommen und in der Höhe nicht mehr als ca. 4—5 cm betragen; denn bei längerer Verwendung verfallen auch die dunklen Zonen des falschen Kernes der Zersetzung, und bahnen, da sie sich nicht imprägnieren lassen, mit der Zeit den zersetzungerregenden Pilzen den Weg in das Innere der Schwellen.

Imprägnierungsversuche nahm ich auch mit ersticktem Buchenholze vor, und kam diesbezüglich zu dem interessanten Resultate, daß sich das in der Rinde erstickte Buchenholz nicht, das in bearbeitetem Zustande erstickte Holz dagegen zur Genüge imprägnieren läßt. Bei diesen Versuchen nahm ich wahr, daß die Luft während des Auspumpens, ähnlich wie bei den mit abgeschlossener Stirnfläche imprägnierten Prismen (s. unten), aus dem in der Rinde erstickten Holze ebenfalls in großer Menge hervorschäumte; die Flüssigkeit drang aber, bei Einlassen der Luft nur in nächster Nähe der Stirnflächen ein, u. zw. bloß auf 1—2 cm, und höchstens hier und da in einzelnen, nach innen immer enger werdenden Streifen tiefer. Die aufgenommene Flüssigkeitsmenge betrug (s. Tabelle Nr. 5) 11,1—13,6 % des Rauminhaltes der Prismen. Hingegen ließen sich, wie aus der Tabelle ersichtlich, jene Prismen, welche aus Schwellen stammen, die erst im bearbeiteten Zustande erstickten (Nr. 6—10), vollständig imprägnieren. Diese nahmen durchschnittlich 60,3 % Flüssigkeit auf.

Dieser Umstand bekräftigt das über den Erstickungsprozeß vorher schon Festgestellte. Das in der Rinde erstickende Holz bildet nämlich aus den vom Baste nach innen wandernden Nährstoffen viel mehr Gummi und Thyllen als das aufgearbeitete Holz, welches bloß die in ihm vorhandenen Kohlenhydrate zu diesem Zwecke verwenden kann und seine Elemente folglich weniger verschließt. Das entrindete Holz vermag sein Gewebe übrigens auch darum nicht in größerem Maße zu verschließen, weil sein Parenchym, infolge des schnelleren Trocknens, nicht so ungestört funktionieren kann, wie jenes des in der Rinde erstickten Holzes.

Das weißfaule Holz nimmt die meiste Imprägnierungsflüssigkeit auf. Bei einem bereits weißfaulen, aber noch genügend festen Prisma betrug die aufgenommene Flüssigkeit 69,7 % des Rauminhaltes des trockenen Holzstückes. Im Inneren dieses Prismas blieben aber trotz der aufgenommenen großen Flüssigkeitsmenge hier und da noch weiße, unimprägnierte Streifen übrig.

Meine Versuche erstreckten sich auch auf die Frage, ob die Imprägnierungsflüssigkeit auch seitlich, durch die Tüpfel in das Innere des Holzes eindringen könne, oder nur am Querschnitte?

Diesen Versuch vollführte ich derart, daß ich die Stirnflächen eines Prismas mit einem aus Pech und Kolophonium verfertigten Lacke anstrich und außerdem noch mit je einer angeschraubten Messingplatte verschloß. Aus dem so vorbereiteten und der Imprägnierung unterworfenen Stücke entfernte sich während des Pumpens ziemlich viel Luft. Bei Einlassen des Luftdruckes dagegen drang die Imprägnierungsflüssigkeit an den freien Seitenflächen, durch die Tüpfel der Zellen und durch einzelne schief geschnittene Gefäßöffnungen, nur 1,5—4 mm tief ein; das ganze Innere des Holzes aber blieb unimprägniert. Die Imprägnierungsflüssigkeit kann daher nur an den Stirnflächen durch die Öffnungen der Gefäße in das Innere des Holzes eindringen, und verbreitet sich dann im Inneren desselben von den Gefäßen aus durch die Tüpfel auch in die benachbarten Holzzellen.

Den beschriebenen Imprägnierungsversuchen, welche zwar an kleinen Holzstücken ausgeführt wurden, aber zur besseren Beurteilung der hierbei obwaltenden Umstände sehr lehrreiche Daten lieferten, war zu entnehmen, daß gesunde und rockene Holzprismen durch Auspumpen der Luft und darauffolgendes Einpressen der Imprägnierungsflüssigkeit mittelst einfachen Luftdruckes vollkommen imprägniert werden konnten. Aus diesem Grunde erschien mir die Bedeutung des Dämpfens und des hohen Luftdruckes von 5—8 Atmosphären, wie er bei verschiedenen Imprägnierungsmethoden angewendet wird, fraglich; demzufolge stellte ich diesbezüglich auf der Imprägnierungsanstalt zu Perecsény auch im großen Versuche an.

Als Vorteil des Dämpfens wird angeführt, daß infolge desselben die leicht zersetzbaren Stoffe und besonders die Eiweißstoffe aus dem Holze ausgelaugt werden, die eventuell eingedrungenen Pilzfäden absterben und die Gefäße des Holzes sich öffnen.

Wenn wir diese Voraussetzungen näher untersuchen, so können wir bezüglich des Auslaugens der leicht verderblichen Stoffe schon von vornherein darüber im klaren sein, daß die im Inneren der parenchymatischen Zellen befindliche Stärke, das Protoplasma und andere plastische Stoffe durch 1—2 stündiges Dämpfen aus einem so großen Holzkörper, wie es z. B. eine Eisenbahnschwelle ist, nicht leicht ausgetrieben werden können.

Diese Stoffe können selbst in der lebenden Pflanze nur dann von Zelle zu Zelle wandern, wenn sie vorher zu sogenannten wanderungsfähigen Stoffen umgewandelt wurden.

Die Stärke muß zu diesem Zwecke zu einer Glükose oder zu einem anderen lösbaren Kohlenhydrate, die Eiweißstoffe ebenfalls entsprechend umgewandelt werden, wozu diastatische, beziehungsweise peptonisierende Fermente notwendig sind. Der Wasserdampf genügt hierzu nicht. Übrigens kann man dieses Auslaugen der Eisenbahnschwellen auch schon darum nicht voraussetzen, weil der Dampf wäbrend 1—2 Stunden nur auf geringe Tiefe eindringt, sich hier kondensiert und auf die tiefer liegenden Teile keine besondere Wirkung ausüben kann. Es kann daher jene Brühe, welche sich während des Dämpfens am Boden der Imprägnierungskessel ansammelt, aus nichts anderem bestehen, als bloß aus dem sich an dem kalten Holze und den Kesselwänden niederschlagenden Wasser, welches zwar aus den äußeren Teilen des Holzes auch organische Stoffe mit sich nehmen kann, dessen Stoffinhalt aber hauptsächlich aus fremden, am Holze haftenden Stoffen besteht.

Was das Vernichten der Pilzfäden betrifft, so kamen wir schon vorher (Seite 68) zu der Überzeugung, daß dies ebenfalls eine unsichere Voraussetzung ist, und es wäre übrigens ihre Vernichtung, falls die Imprägnierung vollständig erfolgt, auch überflüssig.

Das Dämpfen erweist sich demzufolge lediglich darum für vorteilhaft, weil es die Stirnflächen der Holzstücke reinigt. Wie sich aber herausstellen wird, kann auch in dieser Richtung von keiner größeren Wirkung die Rede sein, und wenn die Reinigung eben notwendig wäre, so könnte man sie mit geringeren Kosten und einfacher dadurch erzielen, daß man von den Enden der Holzstücke, unmittelbar vor der Imprägnierung, je eine dünne Scheibe absägt.

Aus obigen Gründen ist also das Dämpfen des Holzes vor dem Imprägnieren entbehrlich; wenn wir aber in Betracht ziehen, daß sich der Dampf im Holze niederschlägt, wodurch dessen Wassergehalt erhöht wird, müssen wir das

Tabelle 6.

Anzahl der Schwellen	Gewicht		Differenz	
	vor der Dämpfung	nach der Dämpfung	mehr	weniger
Stücke	Kilogramm		Kilogramm	
36	3 027	3 087	60	—
33	3 207	3 260	53	—
35	2 755	2 813	58	—
35	2 705	2 771	66	—
37	2 885	2 925	40	—
Summe: 176	14 579	14 856	277	—
Durchschnittl.: 1	82,8	84,4	1,6	—

Dämpfen vom Gesichtspunkte des Imprägnierens sogar für eine entschieden schädliche Prozedur erklären.

In letzterer Beziehung nahm ich in Perecsény sowohl mit einzelnen Schwellen, als auch mit ganzen Kesselladungen zahlreiche Versuche vor.

Die mit ganzen Kesselladungen ausgeführten Versuche sind in Tabelle 6 zusammengefaßt. Demnach haben Zwischenschwellen [1]) durch einstündiges Dämpfen pro Stück durchschnittlich 1,6 kg Wasser aufgenommen.

Tabelle 7.

Nummern der Schwellen	Gewicht		Differenz	
	vor der Dämpfung	nach der Dämpfung	mehr	weniger
	Kilogramm		Kilogramm	
1	82,3	84,4	2,1	—
2	93,6	96,2	2,6	—
3	79,6	80,6	1,0	—
4	89,8	91,3	1,5	—
5	81,2	82,6	1,4	—
6	84,4	86,4	2,0	—
7	88,6	90,6	2,0	—
8	67,6	69,4	1,8	—
9	105,4	107,2	1,8	—
10	89,2	90,3	1,1	—
11	78,8	80,0	1,2	—
12	77,7	78,7	1,0	—
13	100,0	101,8	1,8	—
14	82,8	84,8	2,0	—
15	77,2	78,8	1,6	—
16	74,0	75,4	1,4	—
17	75,6	77,6	2,0	—
18	68,6	71,0	2,4	—
19	84,4	85,5	1,1	—
20	81,0	83,2	2,2	—
Summa:	1661,8	1695,8	34,0	—
Durchschnittlich:	83,1	84,8	1,7	—

1) Zwischenschwelle: 2,5 m lang, 17—25 cm breit, 15 cm hoch = 0,082 m³. Stoßschwelle: 2,5 m lang, 25—30 cm breit, 15 cm hoch = 0,105 m³. Goliat-Schwelle: 2,7 m lang, 17—25 cm breit, 15 cm hoch = 0,089 m³.

Die Ergebnisse der mit einzelnen Zwischenschwellen gemachten Versuche sind in Tabelle 7 zusammengefaßt. Die Gewichtszunahme infolge des Dämpfens betrug in diesem Falle durchschnittlich 1,7 kg.

Die Schwellen waren noch feucht, wodurch die durch das Dämpfen aufgenommene Wassermenge jedenfalls noch vermindert wurde.

Es werden daher durch das Dämpfen die das Zersetzen befördernden Stoffe aus dem Holze nicht ausgelaugt, sondern im Gegenteile, es vermehrt sich der Wassergehalt des Holzes, wodurch das entsprechende Imprägnieren desselben gehindert wird.

Die Resultate der Imprägnierung[1]) gedämpfter und ungedämpfter Schwellen unterzog ich ebenfalls einem Vergleiche. Die bezüglichen Daten

Tabelle 8.

Anzahl der Schwellen	Die aufgenommene Flüssigkeit in kg	
Stück	zusammen	auf eine Schwelle entfällt
35	692	19,8
35	730	20,9
34	696	20,5
36	756	21,0
35	730	20,9
33	818	24,8
34	886	26,1
34	896	26,3
35	940	26,9
34	914	26,9
36	916	25,4
36	904	25,1
37	1 120	30,3
34	962	28,3
Summe: 448	11 960	—
Durchschnittlich: —	—	24,5

[1]) Bei sämtlichen Imprägnierungsversuchen wurde auf ein und dieselbe Weise vorgegangen und zwar: 1 stündiges Dämpfen bei einem Drucke von 2 Atmosphären; 1 stündiges Evakuieren (66 cm Vakuum); 1 stündiger Druck von 8 Atmosphären auf die Imprägnierungsflüssigkeit.

sind in Tabelle 8 und 9 dargestellt. Tabelle 8 bezieht sich auf die vorher
gedämpften, Tabelle 9 auf ungedämpfte Kesselladungen. Als Imprägnierungsflüssigkeit diente eine Zinkchloridlösung von 3° Beaumé Stärke,
zu welcher pro Schwelle beiläufig 2 kg Teeröl gemischt wurden (1000 kg
Zinkchlorid + 75 kg Teeröl). Das Versuchsmaterial bestand aus Zwischenschwellen.

Tabelle 9.

Anzahl der Schwellen	Gewicht		Die Quantität der aufgenommenen Flüssigkeit	
	vor der Imprägnierung	nach der Imprägnierung		
	kg		kg	%[1]
34	2 665	3 385	720	27
38	2 925	3 689	764	26
36	2 753	3 579	826	30
35	2 668	3 565	897	34
Summe:	11 011	14 218	3 207	29
Durchschnittlich:	77,0	99,4	22,4	29

Die durchschnittlichen Ergebnisse zeigen, daß die gedämpften Schwellen
pro Stück um 24,5 kg schwerer wurden, die nicht gedämpften dagegen
22,4 kg Imprägnierungsflüssigkeit aufnahmen. Wenn wir nun von dem
2,1 kg betragenden Gewichtsunterschiede, die durch das Dämpfen verursachte Gewichtszunahme von 1,6 kg abrechnen, bleibt zugunsten des
Dämpfens nur 0,5 kg Mehraufnahme von Imprägnierungsflüssigkeit, welche
wahrscheinlich davon herrührt, daß der Dampf die Querschnitte reinigt,
und nach dem Dämpfen das gewünschte Vakuum schneller eintritt,
als in dem mit kaltem Holze und kalter Luft gefüllten Kessel. Dieser
Unterschied ist aber so gering, daß er das kostspielige Dämpfen keinesfalls rechtfertigt.

In einer französischen Imprägnierungsanstalt konnte ich mich über-
zeugen, daß die Nachteile des Dämpfens auch bei Anwendung von überhitztem Dampfe, somit auch bei der Blytheschen Methode bemerkbar sind.

Die Wirkung des Druckes von 5—8 Atmosphären, wie er bei dem
Einpressen der Imprägnierungsflüssigkeit gebräuchlich ist, habe ich zu

---

[1]) Die Prozente beziehen sich auf das Gewicht des unimprägnierten Holzes.

Perecsény teils an einzelnen Schwellen, teils an ganzen Kesselladungen ebenfalls untersucht.

Tabelle 10.

Nummern der Schwellen	Imprägniert bei einem Drucke von 8 Atm.				Imprägnierung bei einfachem Luftdrucke				Die Beschaffenheit der Schwelle
	Gewicht vor der Imprägnierung	Gewicht nach der Imprägnierung	Die Quantität der aufgenommenen Flüssigkeit		Gewicht vor der Imprägnierung	Gewicht nach der Imprägnierung	Die Quantität der aufgenommenen Flüssigkeit		
	kg			$\%$ [1])	kg			$\%$ [1])	
1	42,0	54,9	12,9	31	42,6	50,6	8,0	19	alt, $^1/_5$ f.K., feucht
2	40,6	55,8	15,2	37	40,4	53,9	13,5	33	„　„　„　　„
3	41,6	59,2	17,6	42	42,0	59,0	17,0	41	„　„　„　trocken
4	45,6	64,2	18,6	41	47,4	65,3	17,9	38	jung,　　　　„
5	40,0	59,0	19,0	48	37,8	56,7	18,9	50	„　　　　　„
6	44,2	58,1	13,9	31	39,8	50,2	10,4	26	m.A.,　　　feucht
7	38,2	60,1	21,9	57	36,6	58,6	22,0	60	„　　　　trocken
8	44,4	58,9	14,5	33	47,6	61,0	13,4	28	alt, $^1/_{10}$ f.K.,　„
9	50,2	62,8	12,6	25	55,2	66,0	10,8	20	„　$^1/_5$　„　feucht
10	43,0	54,8	11,8	27	42,8	53,4	10,6	25	„　„　„　„
11	44,0	60,2	16,2	37	41,0	58,7	17,7	43	jung, $^1/_6$　„　trocken
12	44,0	62,8	18,8	43	42,6	59,4	16,8	39	alt,　$^1/_4$　„　feucht
13	38,6	57,4	1S,8	49	39,0	58,6	19,6	50	„　$^1/_8$　„　„
14	44,2	58,5	14,3	32	42,6	59,0	16,4	38	„　„　„　„
15	49,0	65,2	16,2	33	49,8	64,4	14,6	29	jung,　　　　„
16	39,2	58,6	19,4	49	45,2	64,8	19,6	43	„　　　trocken
17	47,0	60,2	13,2	28	46,4	59,9	13,5	29	alt,　　　feucht
18	46,4	57,2	10,8	23	45,6	52,7	7,1	16	m.A., $^1/_5$ f.K.,　„
19	44,8	58,3	13,5	30	42,8	52,6	9,8	23	alt,　　　　„
20	40,2	56,5	16,3	41	36,6	46,9	10,3	28	„　$^1/_{10}$ f.K. trocken
21	37,6	56,2	18,6	49	39,4	57,4	18,0	46	„　„　„　„
Summe:	904,8	1238,9	334,1	—	903,2	1209,1	305,9	—	
Durchschnittl.:	43,1	58,9	15,8	36,9	44,4	57,6	13,2	33,9	

[1]) Die Prozente beziehen sich auf das Gewicht des nicht imprägnierten Holzes.

Die Versuche mit einzelnen Schwellen unternahm ich an vollständig vergleichsfähigem Materiale, indem ich 21 Stück Goliatschwellen in der Mitte durchschneiden ließ, und die eine Hälfte bei einem Drucke von 8 Atmosphären, die andere aber mittelst einfachen Luftdruckes imprägnierte. Das Ergebnis ist in Tabelle 10 dargestellt. Demgemäß nahmen die gedämpften Halbschwellen bei 8 Atmosphären per Stück 15,8 kg, die bei einfachem Luftdrucke imprägnierten aber 13,2 kg Imprägnierungsflüssigkeit auf. Das zugunsten des hohen Druckes fallende Plus beträgt also bei der halben Schwelle 2,6 kg, bei der ganzen daher 5,2 kg.

Die Ergebnisse der mit ganzen Kesselladungen ausgeführten Experimente, zu welchen ich Zwischenschwellen benützte, sind in Tabelle 11 zusammengestellt. Demnach nahmen die gedämpften Schwellen bei einfachem Luftdrucke pro Stück durchschnittlich 15,2 kg, bei 8 Atmosphären aber (Tabelle 8) 24,5 kg Imprägnierungsflüssigkeit auf. Der Unterschied beträgt daher 9,3 kg, also eine ansehnliche Menge, welche jedenfalls auf die Notwendigkeit des Druckes hinweist.

Tabelle 11.

Anzahl der Schwellen	Gewicht vor der Imprägnierung	Gewicht nach der Imprägnierung	Quantität der aufgenommenen Flüssigkeit	
Stück	kg			%[1]
24	1 844	2 221	377	20
35	2 705	3 223	518	19
37	2 885	3 467	582	20
36	2 829	3 275	446	16
35	2 745	3 355	610	22
Summe: 167	13 008	15 541	2 533	20
Durchschnittlich: 1	77,9	93,1	15,2	20

Bei den im kleinen ausgeführten Versuchen machte ich die Erfahrung, daß das Holz, nach Auspumpen der Luft, bei einfachem Luftdrucke so vollständig imprägniert wurde, daß das auf den oberen Querschnitt getropfte Wasser, am unteren Querschnitt das Abtropfen der entsprechenden Menge von Eosin-Wassertropfen nach sich zog. Auf Grund dieser Versuche, aber auch vom physikalischen und pflanzen-anatomischen Standpunkte genommen, weiß ich keine Ursache, welche zur gleichmäßigen

---

1) Die Prozente beziehen sich auf das Gewicht des nicht imprägnierten Holzes.

Imprägnierung der wasserleitenden Elemente des gut ausgetrockneten und evakuierten Buchenholzes einen Druck von 5—8 Atmosphären notwendig machen würde. Wenn daher bei den beschriebenen Versuchen der Druck einen solch wesentlichen Einfluß ausübte, so spielte dabei wahrscheinlich die Feuchtigkeit des Holzes, die ich leider nicht vermeiden konnte, eine bedeutende Rolle. Infolge derselben schwellen nämlich sowohl die Zellwände, als auch besonders die Schließhäute der Tüpfel an, und es ist möglich, daß sich solches Holz nur bei stärkerem Drucke imprägnieren läßt.

Im Falle solchen Widerstandes muß aber auch die Wirkung des Druckes, da die zu bewältigenden Hindernisse gegen das Innere des Holzes zunehmen, nach innen abnehmen, woraus natürlicherweise folgt, daß der Druck in gesteigertem Maße die Imprägnierung der äußeren Teile fördert.

Da eine gleichmäßige Imprägnierung des Holzes in jeder Beziehung am vorteilhaftesten ist, weist obiger Umstand auch darauf hin, daß zur Imprägnierung nur gut ausgetrocknetes Holzmaterial verwendet werden sollte, wobei aber der gebräuchliche Druck von 5—8 Atmosphären wahrscheinlich wesentlich vermindert werden kann.

Aus dem Gesagten folgt zugleich, daß bei Beurteilung der Imprägnierungserfolge nicht nur die Menge der eingepreßten Flüssigkeit von Wichtigkeit ist, sondern auch der Umstand, ob die eingedrungene Menge auf die äußeren und inneren Teile gleichmäßig verteilt ist oder nicht.

Über die vereinte Wirkung des Dämpfens und des Druckes machte ich mit einzelnen Schwellen, ähnlich wie vorher, in der Weise Versuche, daß ich 19 Stück Goliatschwellen in der Mitte durchschneiden ließ, und die eine Hälfte nach vorherigem Dämpfen und mit hohem Druck, die andere aber ohnedem imprägnierte.

Ein Teil dieser Schwellen war im Inneren ebenfalls noch feucht. Die Ergebnisse dieses Versuches enthält Tabelle 12.

In diesen Ergebnissen tritt die Wirkung, welche durch Unterlassung sowohl des Dämpfens, als auch des Druckes erzielt wird, in erhöhtem Maße zutage.

Die gedämpften und bei 8 Atmosphären imprägnierten Schwellenhälften nahmen 17,9 kg, die ohne Dämpfen und ohne Druck imprägnierten aber nur 8,2 kg, d. h. um 9,7 kg weniger Imprägnierungsflüssigkeit auf.

Bezüglich des Dämpfens muß ich auch hier erwähnen, daß das Gewicht des sich niederschlagenden Wassers von obiger Differenz noch abzuziehen wäre. Im übrigen verweise ich bezüglich der Ursachen dieser Differenz auf das weiter oben über die Wirkung des Dämpfens und des Druckes Gesagte.

Tabelle 12.

Nummern der Schwellen	Mit Dämpfen und bei einem Druck von 8 Atm.				Ohne Dämpfen und bei einfachem Luftdrucke			
	Gewicht vor der Imprägnierung	Gewicht nach der Imprägnierung	Quantität der aufgenommenen Flüssigkeit		Gewicht vor der Imprägnierung	Gewicht nach der Imprägnierung	Quantität der aufgenommenen Flüssigkeit	
	kg			%[1]	kg			%[1]
1	39,2	58,0	18,8	48	39,8	50,6	10,8	27
2	42,0	61,4	19,4	46	40,8	52,5	11,7	29
3	41,8	61,4	19,6	47	44,0	54,6	10,6	24
4	45,3	57,2	11,9	26	35,8	42,8	7,0	20
5	38,1	59,0	20,9	55	39,9	50,0	10,1	25
6	45,0	66,6	21,6	48	42,4	54,2	11,8	28
7	41,4	62,1	20,7	50	41,8	52,6	10,8	26
8	36,6	52,0	15,4	42	39,8	43,5	3,7	9
9	34,2	55,6	21,4	63	32,7	39,7	7,0	21
10	46,4	61,5	15,1	33	44,1	48,3	4,2	10
11	50,2	67,6	17,4	35	48,8	56,4	7,6	16
12	42,8	61,8	19,0	44	40,9	50,4	9,5	23
13	44,7	65,0	20,3	45	41,0	50,4	9,4	23
14	49,5	63,8	14,3	29	48,4	56,4	8,0	17
15	45,6	57,6	12,0	26	44,2	50,0	5,8	13
16	41,5	62,0	20,5	49	44,7	52,2	7,5	17
17	44,0	58,6	14,6	33	44,9	49,6	4,7	10
18	44,3	59,6	15,3	35	44,0	50,8	6,8	15
19	52,2	73,3	21,1	40	51,2	60,5	9,3	18
Summe:	824,8	1164,1	339,3	41	809,2	965,5	156,3	19
Durchschnittl.:	43,4	61,3	17,9	41	42,6	50,8	8,2	19

Gleich wie bei den Versuchen über die Wirkung des Druckes, ist es auch hier auffallend, daß die Ergebnisse der im großen (mit ganzen Kesselladungen) ausgeführten Versuche die Unterlassung der betreffenden Prozeduren in erhöhtem Maße zum Ausdruck bringen. Diese Versuche sind in Tabelle 13 zusammengefaßt, laut welcher die ohne Dämpfen und

---

1) Die Prozente beziehen sich auf das Gewicht des nicht imprägnierten Holzes.

ohne Druck imprägnierten Zwischenschwellen pro Stück nur 9,9 kg Imprägnierungsflüssigkeit aufgenommen haben, wohingegen die nach vorherigem Dämpfen und bei einem Drucke von 8 Atmosphären imprägnierten Schwellen (Tabelle Nr. 8) durch das Imprägnieren um 24,5 kg schwerer wurden.

Tabelle 13.

Anzahl der Schwellen	Imprägnierung ohne Dämpfen und bei einfachem Luftdrucke		
	Gewicht vor der Imprägnierung	Gewicht nach der Imprägnierung	Menge der aufgenommenen Flüssigkeit
Stücke	kg		%[1]
31	2 833	3 125	292	10
24	2 052	2 285	233	11
38	2 871	3 289	418	15
35	2 757	3 089	332	12
36	2 819	3 172	353	13
36	2 811	3 165	354	13
Summe: 200	16 143	18 125	1 982	12
Durchschnittlich: 1	80,7	90,6	9,9	12

Wenn wir nachforschen, warum das Resultat ein anderes ist, je nachdem zu den Versuchen einzelne Schwellen, beziehungsweise halbe Schwellen, oder aber ganze Kesselladungen verwendet wurden, so fallen uns besonders zwei Umstände ins Auge. Der eine ist, daß die halben Schwellen von geringerem Rauminhalte sind, der zweite aber, daß durch das Durchschneiden die eine Stirnfläche vor der Imprägnierung frisch geschnitten war. Obzwar die frische Schnittfläche auch von einigem Vorteile sein kann, so kann ich diesem Umstande auf Grund meiner diesbezüglichen Versuche dennoch keine größere Bedeutung zuschreiben, um so weniger, als auch die alten Schnittflächen der bei den Massenversuchen verwendeten Schwellen genügend rein waren. Hingegen ist der geringere Rauminhalt der halben Schwellen hier jedenfalls von Wichtigkeit. Dies stimmt mit dem, was wir von der Wirkung des Druckes, bezüglich der vollkommeneren Imprägnierung der äußeren Teile nicht gut ausgetrockneter Schwellen theoretisch feststellten[2], überein, und es scheint·

---

1) Die Prozente beziehen sich auf das Gewicht des nicht imprägnierten Holzes.
2) Seite 82.

ganz natürlich zu sein, daß ein kleineres Holzstück immer verhältnismäßig mehr Imprägnierungsflüssigkeit aufnimmt, als ein gleichartiges, aber größeres Stück. In dieser Richtung wären aber zur Festsetzung der Gesetzmäßigkeit noch eingehendere Versuche notwendig.

Wie aus den Tabellen zu ersehen ist, zeigen die Ergebnisse der im großen, mit Schwellen ausgeführten Versuche in den Details hier und da auffallende Abweichungen. Es sind z. B. die Ergebnisse jener Versuche, welche über die Wirkung des Druckes mit ganzen Kesselladungen unternommen wurden, voneinander abweichend, und dasselbe ist auch bei den Versuchen mit einzelnen Schwellen zu konstatieren. Die Ursache dieser Erscheinung ist einerseits in der Mannigfaltigkeit der Holzstruktur zu suchen, wie wir dieselbe in dem Abschnitte über die Anatomie des Buchenholzes kennen lernten; diese Verschiedenheiten können je nach Alter, Höhe und Wachstumsverhältnissen sehr bemerkbar sein. Andererseits sind der Feuchtigkeitsgrad des Holzes, der Umstand ob dasselbe erstickt ist, einen falschen Kern hat etc., alles Faktoren, welche bei der Imprägnierung auf die verschiedenste Weise zur Geltung kommen. Nachdem sich diese Umstände bei einzelnen Stücken sehr verschieden gruppieren können, ist die Wirkung des einen oder des anderen Umstandes bei Versuchen im großen, sowohl für das Ganze, als auch für einzelne Stücke nicht zu erforschen. — So beweisen z. B. die Daten der obigen Tabellen an mehreren Stellen auffallend, daß trockene Schwellen mehr Imprägnierungsflüssigkeit aufnehmen als feuchte. Da aber das Versuchsmaterial außer dem Feuchtigkeitsgrade auch vom Alter, der Dichte, dem falschen Kern und dem Ersticken in den verschiedensten Kombinationen beeinflußt wurde, finden wir hier und da auch eine trockene Schwelle, welche weniger aufnahm als eine feuchte usw.

Darum kann man, wie wir hierauf schon vorher hingewiesen haben, verläßliche Versuche über die anatomischen und sonstigen Verhältnisse nur an kleineren Holzstücken vornehmen, deren Struktur gleichförmig ist, und deren Eigenschaften leicht festzustellen sind. Zu diesem Zwecke muß auch die Imprägnierungsflüssigkeit vollständig gleichartig und rein, sowie auch der Apparat womöglich aus Glas und derartig konstruiert sein, daß die Wirkungen der einzelnen Operationen beobachtet werden können. Die mit größeren Holzstücken ausgeführten Versuche dagegen, welche der Praxis allgemein orientierende Resultate bieten sollen, haben nur dann Wert, wenn der Durchschnitt möglichst vieler Versuche in Betracht gezogen wird.

Der zweite wesentliche Faktor der Imprägnierung ist die Imprägnierungsflüssigkeit selbst. An diese stellen wir in Bezug auf ihre zersetzungverhindernde Wirkung zwei besonders wesentliche Anforderungen: sie soll nämlich das Gedeihen der Pilze verhindern und soll womöglich aus dem Holze durch Wasser nicht ausgelaugt werden können.

Nach den bisherigen Erfahrungen kommen von den zur Imprägnierung verwendeten Stoffen[1]) bei der Konservierung des Buchenholzes besonders Kupfervitriol, Zinkchlorid und Steinkohlenteeröl in Betracht.

Kupfervitriol wird besonders bei der Imprägnierung durch Ascension und Filtration verwendet. Es ist ein starkes Antiseptikum; die Erfahrung beweist aber, daß es schon vom kohlensäurehaltigen Wasser ausgelaugt wird und deshalb zur Imprägnierung von Schwellen, welche mit dem Bodenwasser in Berührung kommen, nicht so geeignet ist, wie die übrigen erwähnten Stoffe.

Telegraphenstangen, Pfähle usw., welche nicht vollständig in der Erde liegen, sind mit Kupfervitriol gut konservierbar, besonders, wenn der in die Erde kommende Teil außerdem noch mit Steinkohlenteer behandelt wird.

Bei der Imprägnierung durch Injektion wird Kupfervitriol selten verwendet, einesteils aus obigem Grunde, anderseits aber darum, weil man bei Gebrauch desselben statt der eisernen Einrichtungen, andere, aus kostspieligerem Materiale verfertigte verwenden müßte. Außerdem ist es teuerer als Zinkchlorid.

Zinkchlorid bewies sich unter den Metallsalzen zur Imprägnierung des Buchenholzes durch Injektion als der geeignetste Stoff. Es entspricht den Anforderungen, welche wir an den guten Imprägnierungsstoff schon oben stellten, zur Genüge, und ist zum Injektionsverfahren ohne alle Schwierigkeiten zu verwenden.

Zinkchlorid wird zum Imprägnieren von Eisenbahnschwellen besonders in Deutschland und Ungarn verwendet und dauern die damit imprägnierten Buchenschwellen nach den Erfahrungen[2]), sowie nach eigenen Untersuchungen durchschnittlich 5—14 Jahre[3]) (wobei sowohl die untere als die obere Grenze je ein durchschnittliches Ergebnis ist).

Am gründlichsten läßt sich Buchenholz erfahrungsgemäß mit dem bei der trockenen Destillation der Steinkohle gewonnenen schweren Teeröl konservieren, dessen Kreosot, als sehr antiseptischer Stoff, das Gedeihen

---

[1]) Von diesen Stoffen und deren Verwendung sind außer in den chemischen Handbüchern und Beschreibungen der verschiedenen Imprägnierungsmethoden auch in den schon vorher zitierten Arbeiten von Heinzerling, Buresch und Strasburger ausführliche Beschreibungen zu finden, woselbst auch die weitere einschlägige Literatur angegeben ist.

[2]) Heinzerling, Die Konservierung des Holzes. Polifka, A Magyar Mérnök és Épitész Egylet Közl. (Mitteilungen des Ung. Ingenieur- und Architekten-Vereins.) 1900, p. 116 und 1901, p. 435.

[3]) Die obere Grenze wurde auf Grund der Heinzerling (Funk)schen Daten bestimmt („Die Konservierung des Holzes". p. 150). Über die Imprägnierungsergebnisse mit Zinkchlorid habe ich auch in dem Abschnitte über die Zersetzung einige Daten mitgeteilt. p. 47.

der Pilze unmöglich macht, während seine dichten, die Gefäße des Holzes
luft- und wasserdicht verschließenden Bestandteile das Wasser der Atmos-
phäre und des Bodens vom Holze fern hält, und zugleich den Austritt der
flüchtigen, antiseptischen Bestandteile des Öles aus dem Holze verhindert.

Mit Steinkohlenteeröl imprägnierte Buchenschwellen werden besonders auf den Linien der französischen Eisenbahngesellschaften verwendet.
Nach den dortigen Erfahrungen schwankt die Dauer der Schwellen auch
bei Anwendung von Teeröl zwischen sehr weiten Grenzen. Auch mit
Teeröl imprägnierte Schwellen können in 8—10 Jahren unbrauchbar
werden, bei entsprechender Imprägnierungsmethode aber kann die Dauer
solcher Buchenschwellen sich bis zu 25—30 Jahren erhöhen, und auch
dann werden die Schwellen nicht immer von Pilzen zersetzt, sondern
durch mechanische Einwirkungen zerstört.

Wenn wir die mit Zinkchlorid und Teeröl gemachten Erfahrungen
in Erwägung ziehen, so glaube ich die Ursachen der weiten Grenzen,
welche die Dauer der Schwellen aufweist, teils auf die angewendete Imprägnierungsmethode, teils aber auf die Beschaffenheit des Holzmaterials,
und in erster Linie auf den Feuchtigkeitsgrad des Holzes zurückführen zu
können. Die Feuchtigkeit des Holzes wird durch das Dämpfen gesteigert,
durch Kochen in heißem Öle nicht verdrängt, und kann auch durch das
Trocknen der Schwellen auf freien Lagerplätzen nicht entfernt werden, da
in diesem Falle das Holz erstickt, und solches Holz immer feucht ist.

Daß die Verwendung nicht entsprechend ausgetrockneten Holzes
nachteilig ist, haben die in dieser Arbeit beschriebenen Untersuchungsergebnisse hinreichend bewiesen, und ich glaube auf Grund derselben be-
haupten zu dürfen, daß sowohl mit Zinkchlorid als auch mit
Steinkohlentheeröl nur dann die obere Grenze der Dauer
erreicht wird, wenn wir zur Imprägnierung möglichst
trockenes Holzmaterial verwenden und das Dämpfen
unterbleibt.

Wenn wir nun kurz zusammenfassen, was wir über das Konservieren
besprochen haben, so können buchene Eisenbahnschwellen, Pflasterstöckel,
Pfähle, Grubenhölzer und andere Erzeugnisse, welche bei ihrer Verwendung
der Feuchtigkeit ausgesetzt sind, auf folgende Weise zweckentsprechend
konserviert werden.

In erster Linie sind aus dem im Winter gefällten Holze
die Sortimente und Halbfabrikate sofort auszuformen, damit das Holz nicht in der Rinde liege. Es ist ferner zweckmäßig, die Erzeugnisse mit einem antiseptischen Mittel
alsogleich gut zu bestreichen[1]) und sie noch vor dem Ent-

---

1) Ob man sich gegen das Ersticken energischer zu schützen braucht, d. h. ob
das Anstreichen notwendig ist, ist nach den unter den betreffenden Verhältnissen
gemachten Erfahrungen zu entscheiden.

stehen der Risse aus dem Walde in gedeckte Lagerräume mit trockenem Boden zu transportieren.

Zum Imprägnieren ist Zinkchlorid oder das kostspieligere, aber eine viel größere Dauerhaftigkeit gewährleistende schwere Steinkohlenteeröl anzuwenden; gleichviel aber, welcher von diesen Stoffen gebraucht wird: das zu imprägnierende Holz muß trocken sein, und es ist schädlich dasselbe zu dämpfen. Vor der Imprägnierung soll das Holz wenigstens ein halbes Jahr in gedeckten Lagerplätzen liegen und unmittelbar vor dem Imprägnieren 3—4 Tage lang in bis zu 60—70° erhitzten Trockenkammern[1]) getrocknet und erwärmt werden.

Durch das Trocknen in den erhitzten Kammern wird das Holz rissig; dies ist nachteilig, kann aber auch bei Anwendung von erhitztem Öle oder überhitztem Dampfe nicht vermieden werden, sondern erfolgt im Gegenteile in noch gesteigertem Maße. Zur Verminderung des Reißens ist es ratsam, das Holz in den Trockenkammern nur allmählich der höheren Temperatur auszusetzen.

Ob mit Zinkchlorid oder mit Teeröl imprägniert werden soll, entscheidet in erster Linie die finanzielle Seite der Frage. Es müssen hierbei aber sehr viele Faktoren in Betracht genommen werden, welche je nach den Verhältnissen sehr variieren können, deren nähere Betrachtung aber außerhalb des Kreises dieser Arbeit liegt.

Bloß die Kosten der Imprägnierung in Betracht ziehend, ist das Verhältnis bei Eisenbahnschwellen folgendes.

Die Kosten der Imprägnierung mit Zinkchlorid betragen[2]) den 1/2 bis 1/4 Teil jener Kosten, welche bei der Anwendung von Teeröl erwachsen. Wenn wir neben diesem Umstand in Betracht ziehen, daß letztere Imprägnierung nur eine zweimal so lange Dauer des Buchenholzes gewährleistet, wie das erstere Verfahren, so erscheint Zinkchlorid vorteilhafter. Wenn wir aber bedenken, daß bei der mit Zinkchlorid erreichbaren Dauer, im Gegensatze zum Teeröl, die Beschaffungs-, Imprägnierungs- und Transportkosten wenigstens zweimal in Rechnung zu stellen sind, und nebenbei noch beim Austauschen der Schwellen usw. verschiedene Auslagen auftauchen, so glaube ich, daß sich die Teeröl-Imprägnierung als vorteilhafter erweist.

Letzteres glaube ich übrigens auch aus dem Grunde betonen zu müssen, weil mir die als obere Grenze der Dauerhaftigkeit mit Zinkchlorid

---

1) Solche Trockenkammern sah ich auf der Imprägnierungsanstalt zu Amagne. Diese sind ausführlich in V. Dufauxs Arbeit „Note sur la préparation des Traverses" beschrieben.

2) Heinzerling, Die Konservierung des Holzes. p. 149, 153.

imprägnierter Schwellen nach Heinzerling (Funk) vorher angegebenen 14 Jahre, als Durchschnittsangabe zu hoch erscheinen.

Das mit Teeröl gut imprägnierte Buchenholz liefert jedenfalls ein sehr dauerhaftes Material, welches alle mit anderen Konservierungsmitteln erreichbaren Erfolge weit übertrifft. Die Dauerhaftigkeit der mit Teeröl imprägnierten Buchenschwellen übertrifft sogar die Dauerhaftigkeit der ebenso imprägnierten Eichenschwellen, und zwar aus dem einfachen Grunde, weil bloß der Splint des Eichenholzes Imprägnierungsflüssigkeit aufnimmt, der Kern aber nicht. Den nicht imprägnierten Eichenholzkern übertrifft aber, bezüglich der Dauer, das mit Teeröl entsprechend imprägnierte Buchenholz bei weitem. Außerdem aber widersteht das gleichmäßig aufgebaute Buchenholz auch den auf die Seitenflächen ausgeübten mechanischen Einwirkungen viel besser, als das ringporige Eichenholz. Um die Widerstandsfähigkeit der mit Teeröl imprägnierten Eisenbahnschwellen entsprechend ausnützen zu können, darf nicht außer Betracht gelassen werden, daß in dieser Beziehung auch die Art und Weise der Befestigung der Schienen von bedeutender Wichtigkeit ist. Es ist hierbei zu entscheiden, welche Art der Schienenbefestigung das Holz am meisten vor jenen mechanischen Einwirkungen schützt, welche seiner Dauer lange vor jener Zeit ein Ziel setzen, bis zu welcher die Schwellen bei entsprechender Befestigung der Schienen und Schutz der Lagerstellen dauern würden.

Fragen solcher Natur sind für die Dauer der Schwellen ebenfalls von Bedeutung, stehen jedoch außerhalb des Bereiches meiner Untersuchungen.

Erklärung zu Tafel I.

Fig. 1. Querschnitt des Buchenholzes, behandelt mit Chlorzinkjod, wodurch die gallertartigen Innenschichten der Fasertracheiden violette Färbung zeigen. — 350:1.

Fig. 2. a—b Falscher Kern; b—c innerer, trockener Splint; c—d äusserer Splint.

Fig. 3. Würfel aus dem Inneren eines mit Eosinwasser imprägnierten Kernholzstückes; rechts ist auch ein Teil des Splintes sichtbar.

Fig. 4. Ersticktes Holz, in welchem bereits weissfaule Streifen und schwarze Zeichnungen auftreten.

Fig. 5. Stereum purpureum. Junge Fruchtkörper. $\frac{1}{2}$.

Fig. 6. Hypoxylon coccineum. $\frac{1}{1}$.

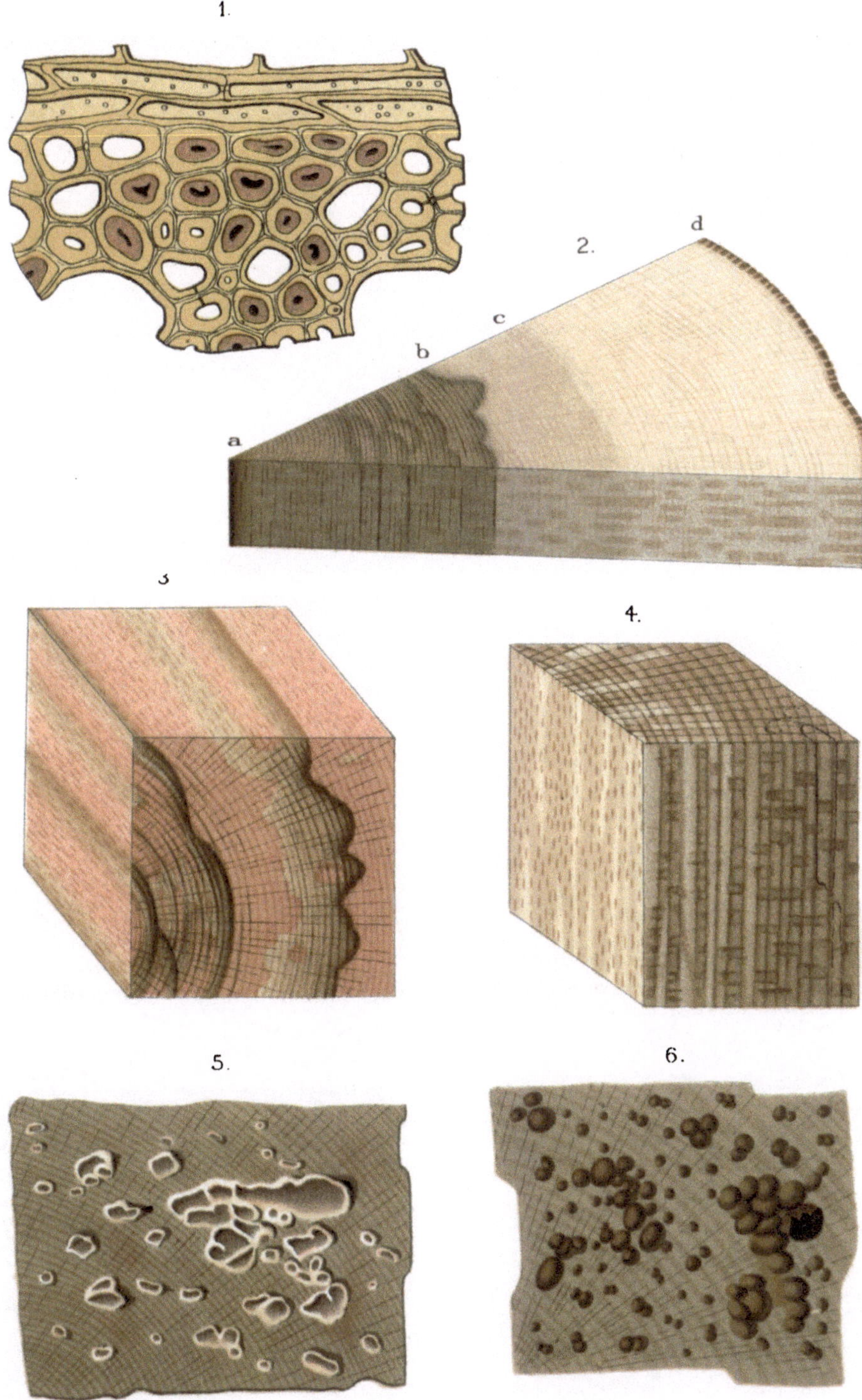
1.
2.
a
b
c
d
3.
4.
5.
6.

Erklärung zu Tafel II.

Fig. 7. Durch Stereum purpureum ersticktes Buchenholz, im radialen Längsschnitte. Die parenchymatischen Zellen enthalten Holzgummi. Die Gefässe sind durch Thyllen verschlossen und von verschieden dicken Pilzfäden durchzogen. (Vergr. der Pilzfäden 370 : 1.)

Fig. 8. Bispora monilioides.

Fig. 9. Tremella faginea. $\frac{1}{2}$.

Fig. 10. Schizophyllum commune. $\frac{1}{1}$.

Fig. 11. Weissfaules Buchenholz mit den schwarzen Schutzmänteln des Pilzes, welche grösstenteils noch braune Holzpartien einschliessen.

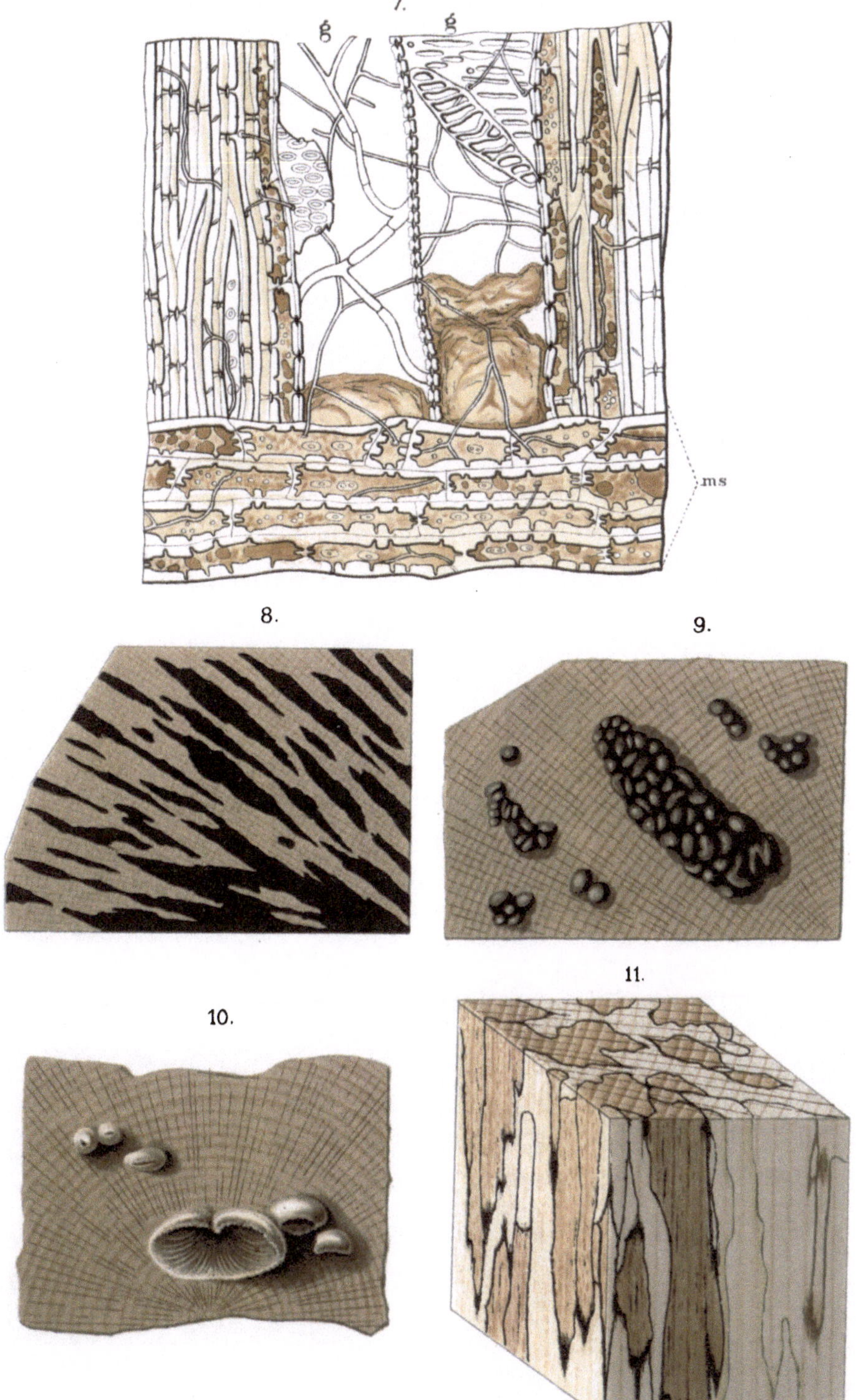

7.
g
g
ms
8.
9.
10.
11.

Erklärung zu Tafel III.

Fig. 12. Querschnitt einer zersetzten Eisenbahnschwelle. Rechts befindet sich eine durch Polyporus hirsutus, links eine durch Poria vaporaria zersetzte Partie. Der falsche Kern widerstand der Zersetzung und ist nur an der rechten Seite etwas angegriffen; seine äussere dunkle Zone blieb aber auch hier unzersetzt.

Fig. 13. Durch Trametes mollis zersetztes Holz, mit den Fäden dieses Pilzes und den braunen Fäden und Gemmen des von Willkomm Xenodochus ligniperda benannten Pilzes. (Vergr. der Pilzfäden 500 : 1.)

12.

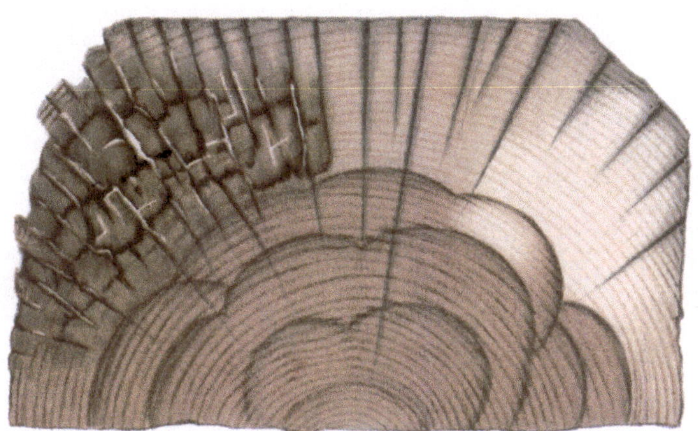

13.

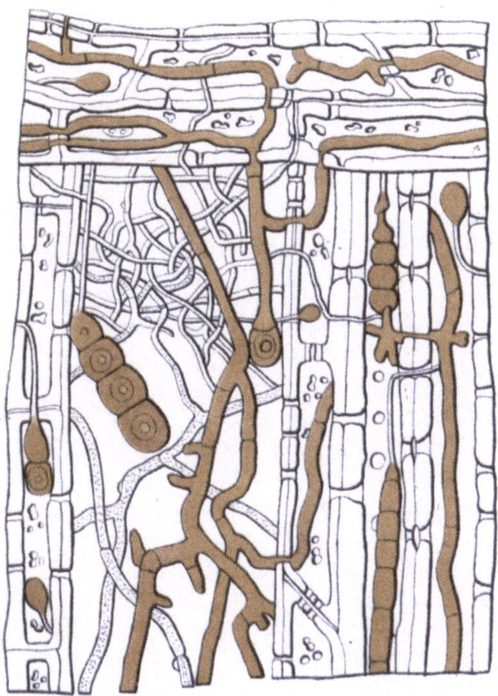